兽医流行病学调查手册

孙向东　王幼明　康京丽　主编

中国农业出版社

北　京

编写人员

主　编　孙向东　王幼明　康京丽

副主编　徐全刚　高　璐　刘　平　喻　勇

参　编（按姓氏笔画排序）

于丽萍　王幼明　韦欣捷　刘　平

刘丽蓉　刘雨萌　刘爱玲　刘瀚泽

孙向东　杨宏琳　沈朝建　赵　雯

贾智宁　徐全刚　高　璐　高晟斌

郭福生　康京丽　喻　勇

主　审　黄保续　宇传华

目 录 CONTENTS

1 绪 论

1.1 兽医流行病学的概念

1.1.1 兽医流行病学的定义

兽医流行病学是研究动物疫病和卫生事件在动物群体中的分布情况，分析发生原因以及发展规律，制定防控措施，评估防控效果的一门学科。该学科从群体水平出发，以动物疫病和卫生事件为研究对象（不仅仅限于动物传染病），以描述动物疫病分布、揭示动物疫病成因为手段，以提出动物疫病防控措施、增进动物群体健康为目的。在当前重大动物疫病和公共卫生事件时有发生的形势下，兽医流行病学受到高度重视，研究领域正在不断拓宽和深入。

1.1.2 兽医流行病学的发展

20 世纪 70 年代以后，随着现代畜牧业和现代科学技术的发展，研究人员结合重大动物疫病防控实际，融合多学科知识，以揭示动物群体疫病发生流行规律、制定防控措施和评估防控效果为任务，逐步把兽医流行病学发展为一门独立学科。

1.1.2.1 兽医流行病学的萌芽

在西方，公元前 18 世纪就已经有关于兽医发展的记载，在《汉谟拉比法典》中做出了对于牛医和驴医的义务和应得报酬的规定；在古印度，兽医和人医曾同样兴盛，公元前 1500—前 1200 年，一些古典文献中就以韵文的形式记载了动物疫病及相关治疗方法。

进入奴隶制社会以后，频繁的战争中使用了大量战马，对兽医数量的需求快速增加。古希腊已经出现马医；罗马帝国后期，在古希腊兽医学文献基础上，编纂了马病著作，说明当时军队中的兽医技术已经达到较高水平。

当针对动物个体的治疗手段无法满足群发疫病的控制和消灭时，兽医流行病学随之出现。18 世纪初，牛瘟从亚洲传入欧洲并大范围蔓延，曾使法国的牛存栏量减少一半。1714 年，牛瘟从荷兰传入英国时，Thomas Bats 向英国国王建议对牛舍进行烟熏，扑杀并焚烧所有患病动物及被污染的饲草，同时对养殖者给予一定的补偿。在当时对牛瘟病因尚不清楚的情况下，这些措施在一定程度上控制了牛瘟蔓延。为了应对牛瘟疫情，1762 年法国里昂成立了人类历史上第一个现代兽医学校，专门教授并推广使用上述牛瘟疫情控制方法。到 1800 年，欧洲 12 个国家已相继成立了 20 个左右兽医学校。此后，扑杀、销毁等措施在各国动物疫病控制中得到普遍应用，动物疫病控制措施的重心，开始由最初的个体治疗向群体预防控制转变。这一时期，可以看作是现代兽医流行病学的萌芽时期。

1.1.2.2 现代兽医流行病学的形成和发展

20 世纪以来，大多数国家都建立了兽医学校和兽医机构，兽医科研、教育和诊疗水平持续提高。目前兽医科学较发达的地区包括欧洲、北美、东亚地区等。随着微生物学的发展，兽医流行病学的发展也趋于成熟，其研究方法在动物疫病控制消灭中的作用也越来越重要。19 世纪 80 年代，人们开始探索动物疫病发生的原因及其影响因素。例如，人们发现通过增强牧场排水能力可以保持牧场土壤干燥，可以预防牲畜感染片形吸虫。随着对流行病学知识了解的增多，19 世纪末到 20 世纪中叶，多数发达国家通过扑杀、隔离、进口检疫措施和生物学防治技术，消灭了许多动物疫病。英国 1877 年消灭牛瘟、1928 年消灭马鼻疽，美国 1892 年消灭牛传染性胸膜肺炎。20 世纪，随着科学技术的不断进步、畜牧业的快速发展、动物流通速度的加快，牛瘟等重大动物传染病危害日益严重，一些国家越来越重视动物传染病的控制工作，这样也促进了兽医流行病学的形成和发展。突出表现在以下几个方面：

（1）专业组织相继形成 欧洲大面积暴发牛瘟疫情，在控制牛瘟疫情的工作中，兽医流行病学方法效果显著，各国政府和国际社会逐渐对兽医流行病学的关注度增加。1872 年，奥地利召集欧洲多个国家在维也纳开会，协商提出控制欧洲大面积暴发的牛瘟疫情，需要采取一致行动。1921 年，法国发起了一个要求所有国家参加的国际动物流行病学大会，建议在巴黎成立一个控制动物传染病的国际机构。1924 年，国际兽疫局（现为世界动物卫生组织，OIE）正式成立，负责收集和传播动物疫情信息，分析疫病发展规律，研究动物疫病防控措施，OIE 是第一个官方兽医流行病学国际机构。此后，兽医流行病学得到进一步发展。为促进全球兽医流行病学与兽医经济学发展，英国雷丁大学、英国兽医协会和英国农业部于 1976 年共同发起召开了第一届国际兽医流行病学与经济学研讨会（ISVEE），宣告了国际兽医流行病学与经济学联合会的成立，且每 3 年召开一次全球研讨会，定期交流风险管理、畜牧业生产、食品安全、公共卫生、教育等与兽医流行病学和经济学相关的最新信息。另外，英国还成立了包括 24 个国家 300 位成员的兽医流行病学和预防兽医学联合会。

（2）学科建设日益成熟　1974 年，世界卫生组织（WHO）设计了医学流行病学课程；1975 年，泛美卫生组织（PAHO）/世界卫生组织设计了兽医流行病学教程。1979 年第二届 ISVEE 召开后，兽医流行病学教育成为重要的专题讨论内容。这些工作对兽医流行病学学科建设起到重要推动作用。20 世纪 70 年代以后，一系列兽医流行病学专著相继面世，系统介绍了兽医流行病学的理论、方法和应用。英国、荷兰、新西兰、美国等国家多个大学开设兽医流行病学（包含动物卫生经济学）课程，涉及本科教育和研究生教育两个层次，开展流行病学方法研究工作。日本东京大学也提出加强能够熟练应用兽医公共卫生、兽医流行病学和风险分析知识的"社会兽医"培养。

（3）政府重视程度不断提高　近 50 年来，社会对兽医流行病学知识的需求不断增长，兽医流行病学快速发展。由于重大动物疫病危害加重、新发动物疫病不断增多、人畜共患病情况时有发生，从国际社会到各国政府愈发重视兽医流行病学这一与重大动物疫病防控实践紧密相连的新学科。各国对兽医流行病日益重视，美国、加拿大、英国、德国、荷兰、澳大利亚、新西兰等国相继建立了强大的中央兽医流行病学技术机构，如美国农业部 20 世纪 80 年代建立的美国流行病学和动物卫生中心，为美国农业部兽医决策的重要支撑部门，也是 OIE 兽医流行病学协作中心。

（4）研究领域逐步拓宽　当前，兽医流行病学教材越来越多，国际兽医流行病学会议涉及议题不断拓宽，兽医流行病学杂志和专业网站不断出现，反映出兽医流行病学研究领域不断拓宽。从研究范围看，已拓展到新发病、野生动物疫病、水生动物疫病、人畜共患病以及传统重大动物疫病各个方面。从服务对象看，已拓展到疫病分布、疫情预警、防控规划制定、生物制品效果评估、国际贸易协调等多个方面。从研究方法看，动物卫生经济学、风险分析、3S技术应用、数学建模等技术已充分融入流行病学研究。从学科发展看，分子流行病学、血清流行病学、地理流行病学、药物流行病学、观察流行病学、实验流行病学、理论流行病学等均已应用于重大动物疫病防控实践。其中 3S 技术是遥感技术（Remote Sensing，RS）、地理信息系统（Geography Information Systems，GIS）和全球定位系统（Global Positioning Systems，GPS）的统称，是空间技术、传感器技术、卫星定位与导航技术和计算机技术、通信技术相结合，多学科高度集成的对空间信息进行采集、处理、管理、分析、表达、传播和应用的现代信息技术。

1.1.2.3　我国兽医流行病学的发展和现状

我国兽医流行病学起步晚、基础差，但随着现阶段重大动物疫病防控实践的不断深入，我国流行病学调查研究工作已取得长足进步，并进入快速发展阶段。

（1）学科建设取得重要进展　1989年5月，全国高等农业院校教材指导委员会将《兽医流行病学原理》列入高等学校农科本科"七五"教材建设规划，刘秀梵教授主编，于1993年出版，2000年再版时改书名为《兽医流行病学》，列为普通高等教育"九五"国家级重点教材。目前，已有越来越多的农业高等院校在本科和研究生教学中开设这门课程。

（2）研究工作逐步深入　为提高重大动物疫病监控能力，1979年在农业部农业生物研究所（715所）兽医研究室基础上成立农业部动物检疫所。2006年，更名为"中国动物卫生与流行病学中心"，同时在中国农业科学院四个兽医研究所加挂中国动物卫生与流行病学中心分中心，以便系统开展流行病学调查和研究工作。此后，国家科技部门先后立项支持开展了重大动物疫病流行病学调查、监测预警、经济学评估和风险分析技术研究，对推进学科发展、服务防控决策起到积极作用。

（3）流行病学调查评估机制趋于完善　法律层面上，我国《中华人民共和国动物防疫法》和《重大动物疫情应急条例》对开展流行病学调查作出了规定。组织层面上，农业农村部设立了中国动物卫生与流行病学中心及四个分中心，成立了全国动物防疫专家委员会流行病学分委员会；各省设立了流行病学调查专家组，地、县成立了流行病学工作队，业务工作体系趋于完善。机制层面上，农业农村部每年印发主要动物疫病流行病学调查方案，紧急流行病学调查、定点流行病学调查和专项流行病学调查相结合的工作机制逐步形成。动物流行病学调查工作的逐步推进，对制定完善各项防控措施起到了重要作用。

1.2　兽医流行病学的用途

工厂式集约化养禽、养猪业的迅猛发展，越来越需要兽医对饲养场场址选择、畜舍设计、饲料添加剂配制、环境卫生管理免疫程序制定和执行、疫病诊断和免疫水平监测等方面的工作提出意见和建议。通过兽医提出的建议，养殖场可以提高家畜的健康水平，以及群发病的预防和控制水平。

从OIE和有关国家的实践情况看，兽医流行病学主要有以下六个用途。

1.2.1　探索病因及风险因素

动物疫病暴发时，如果能查清疫病暴发的原因及主要传播途径，就可以有针对性地制定防控措施。因此，调查病因是流行病学工作者的重要任务，在

"未明性质疫病"暴发或流行时，可以通过求同法、求异法及其他方法找出疫病发生、流行的线索，提出暴发原因假设，进而假设检验或反证风险因素。

1.2.1.1　查找病因

当必然病因、宿主和环境三要素同时具备且相互作用时，疫病随之发生。任何一个患病动物，在患病之前一定受到某种致病因素的影响。例如口蹄疫发生时，必须先有口蹄疫病毒的存在，如果没有这种病毒，口蹄疫疫情就不会发生。此时，口蹄疫病毒感染是口蹄疫疫情的必要病因，也叫特异病因。

1.2.1.2　寻找风险因素

当其他因素固定不变时，增强或减弱在动物群体中的某因素，可引起某种疫病在该动物群体中出现相应的增强或减弱，则可以认定此因素是该病的病因，或称为辅助病因。如一些口蹄疫病毒隐性感染动物通常并不发病，但在易感动物长途运输、机体抵抗力下降时，疫情才会发生。这种现象，称为多病因说。这些必要病因和辅助病因，共同影响疫病发生的可能性和概率，可统称为风险因子或风险因素。

在有些情况下，真正病因尚未完全阐明，而诸多风险因子已挖掘出来，据此防控疫病仍然可以收到很好的效果。例如，在牛传染性胸膜肺炎（牛肺疫）的病原体（丝状支原体）分离出来之前10多年，美国依据其接触性传染性质，便消灭了这一疫病。因此，流行病学工作不拘泥于寻找必要病因，若找到一些关键的风险因子，也可在很大程度上解决问题。

1.2.2　描述疫病分布

疫病分布是对疫病在空间、时间和群间的流行特征进行描述。只有用数量形式，把不同疫病时间、空间、群间分布特征正确表示出来，才能基本认识该病的发生情况、危害程度、流行规律。描述疫病或动物卫生事件时，通常要说明以下三个方面。

1.2.2.1　时间分布

动物疫病的时间分布是指疫病流行过程随时间的推移而不断变化的现象。研究时间分布规律常可提供病因及流行因素线索。按时间分布，不同疫病流行过程可表现为暴发、流行、季节性、周期性等，但有的疫病在时间分布上可能没有规律。某些传染病常表现为季节性、周期性变化。急性环境污染引起的疫病常表现为暴发流行，长期慢性污染引起的疫病可能表现为散发，也可能有季节性。

1.2.2.2　空间分布

动物疫病的发生空间可以按照不同的环境进行分组（如山区、平原、经纬度、气候等），也可以按照行政区域分组（如省、市、县、镇、村等）来描述、分析特定疫病的地域分布特点。如调查发现，全球蓝舌病毒主要分布在北纬52°和南纬43°之间，基于这种分布特点，世界动物卫生组织《陆生动物卫生法典》规定，凡位于北纬40°以北和南纬35°以南，且不与蓝舌病毒感染国家或地区接壤的国家和地区，即可视为无蓝舌病毒的国家和地区。

1.2.2.3 群间分布

动物疫病的发生也可以按照动物品种、年龄、性别、养殖模式等分组，来描述、分析特定疫病的分布特点。如 H5N1 亚型禽流感病毒的感染发病动物由鸡逐步扩展到水禽、野禽，以及猫、水貂等哺乳动物乃至人类，说明禽流感病毒正在突破种间屏障，在人与动物之间跨种传播。

对疫病分布特征的准确描述，通常需要长时间、大规模的流行病学调查、监测，获得大量流行病学资料，才可获得结论。随着技术进步，疫病分布描述已在血清流行病学、分子流行病学研究中得到体现。

1.2.3 实施疫病监测

动物疫病监测又称流行病学监测，是长期地、连续收集信息，核对、分析疫病的动态分布和影响因素的资料，并将信息及时上报和反馈，以便及时采取干预措施。疫病动态分布不仅包括疫病时间动态分布，也包括从健康到发病的动态分布和地域分布，其影响因素包括影响疫病发生的自然因素和社会因素。疫病监测只是手段，其最终目的是预防和控制疫病流行。目前，动物疫病监测质量是 OIE 评价各国兽医工作能力、认可无特定动物疫病状态的一项重要指标。

20 世纪 40 年代末，美国疾病控制中心开始进行系统的疾病监测工作。1968 年第 21 届世界卫生大会（WHA）讨论了国家和国际传染病监测问题。70 年代以后，许多国家广泛开展监测，观察传染病疫情动态，以后又扩展到非传染病，并评价预防措施和防病效果，而且逐渐从单纯的生物医学角度向生物—心理—社会方面进行发展。我国于 1979 年在北京、天津试点后逐步向全国推广。

1.2.4 提出动物疫病预防控制对策

基于兽医流行病学调查研究，只有掌握了疫病发生的原因、分布、发展趋势、传播方式及规律，才可以有针对性地制定预防与控制措施。

1.2.4.1 提出突发疫情的应急处置措施

重大动物疫情发生后，实施紧急调查，对探索病因、发现风险因素、提出应急处置措施具有重要作用。

1.2.4.2 提出长效防控政策建议

流行病学研究对于制定长效防控政策具有重要作用。例如，现场流行病学调查显示，家禽高致病性禽流感（HPAI）疫情主要发生在小规模养殖场、未免疫或免疫措施不合理的禽群，并与流通因素有关；流行病学分析表明，疫点与河流、湿地、铁路分布呈显著相关。因此制定 HPAI 控制方案时应把推进养殖模式转变、规范免疫程序、加强检疫监管作为重点措施，同时，还应考虑在重点地区实施强化免疫措施。

1.2.4.3 开展疫病评估预警

流行病学调查不仅可以报告已存在的动物卫生状况，还需要预告未来趋势，以便更好地规划防控措施，降低不利事件带来的危害。这一方向，已经逐步形成前瞻性流行病学学科。

1.2.5 评估动物疫病预防控制效果

动物疫病防控措施实施后，是否有效以及是否为最佳措施，是决策者尤为关注的问题。评估疫病防控效果，已经成为流行病学研究的一项重要任务。

1.2.5.1 防控措施有效性评估

应用某项干预措施后，疫病发病率、流行率是否下降，需要用流行病学方法判断。如通过观察免疫接种组的发病率相对于未接种组的下降情况，可评估疫苗免疫接种效果。卫生部门当前广泛应用的麻疹疫苗、脊髓灰质炎疫苗、白喉类毒素等，均是经流行病学方法检验证实有效的，而痢疾噬菌体虽一度被认为是预防痢疾的良药，后来经过严格的流行病学方法检验，却证实无效，从而避免了因大规模接种而导致的经济损失。

1.2.5.2 成本效益分析

成本效益分析是对预期行为的潜在收益和风险的详细测量。每项防控措施实施后，须考虑投入经费及产出效果，这些都可以运用流行病学方法进行评价。如 WHO 制定全球天花消灭规划时，最初拟定 100% 痘苗接种率，但实际上达不到。经流行病学分析认为达到 80% 接种率，通过监测追踪个别病例，就可实现限制流行并最终达到消灭天花的目的，从而减少了全民免疫费用。再如，肺结核防治过程中，过去曾用 X 线胸片进行普查，WHO 经成本效益分析后认为此法花费很大但收效有限，进而决定将防治重点放在痰涂片阳性者身上。

当前，兽医领域也面临着同样问题，如疫病经济损失有多大，动物防疫经费多少合适，防疫经费如何合理配置，免疫、扑杀措施如何配合更为有效，监测样品多大量更科学，中央政府、地方政府、畜主三者如何分摊扑杀补偿等。兽医流行病学在这方面的研究正逐步拓宽和深入，并形成了动物卫生经济学。

1.2.6 为动物疫病诊断提供支持

流行病学产生初期，主要是为疫病诊断提供支持。每种疫病均有不同于其他疫病的临床流行病学特征，患病群体的年龄分布、季节分布、空间分布等特征，可为动物疫病诊断提供支持。如澳洲长尾鹦鹉幼雏病具有明显的年龄分布特点，15 日龄以下的幼雏最易感、在 2～4 周龄长尾小鹦鹉和 4～12 周龄大型鹦鹉中可出现急性死亡，死亡率 25％～100％。丝状支原体山羊亚种感染也具有明显的种间、群间和年龄分布特点，该病只感染山羊，且 3 岁以下的山羊最易感染，潜伏期平均为 18～20 天，妊娠羊大量（70％～80％）发生流产等。详细调查发病群体的流行特征，对于假定病因、实施鉴别诊断，具有重要价值。

1.3 兽医流行病学的研究方法

兽医流行病学主要采用描述流行病学、分析流行病学、实验流行病学、理论流行病学、血清流行病学、遗传流行病学和分子流行病学等方法。总体而言，兽医流行病学研究方法主要分为观察法和实验法两大类。

1.3.1 观察法

1.3.1.1 描述性研究

描述性研究是描述动物疫病和卫生状况在时间、地点和畜禽群体方面的分布信息，向兽医公共卫生管理人员和流行病学专家提供最基本的数据资料。描述性研究利用的信息来源有普查资料、养殖场管理记录、畜禽调运数据、诊疗数据、监测和检测数据、产地检疫信息，以及屠宰场生产和检疫数据等。由于这些数据相对容易获得，描述性研究比分析性研究相对容易一些。描述性研究是兽医流行病学研究的基础步骤，常通过对动物疫病和健康状态基本分布特征进行描述，获得有关病因假设的依据。但是，描述性研究在描述动物疫病发生的类型以及形成研究的问题上更有用。流行病学通过调查，了解动物疫病和健康状况在时间、空间和群间的分布情况，为研究和控制动物疫病提供线索，为制定动物疫病防治政策提供技术支撑。

1.3.1.2 分析性研究

分析性研究是假设检验的一类研究方法。通过观察和询问，对可能的动物疫病相关因素进行检验。分析性研究主要包括病例-对照研究和队列研究。

病例-对照研究是选取一组患病动物（病例），再选取另一组健康动物（对照），收集两个组动物中某一或几个因素存在的情况，然后以统计学方法来确定某一因素是否和该疫病有关联，并计算关联的程度。

队列研究则是选取一组暴露于某种致病因素的畜禽群体和另一组未暴露于该因素的畜禽群体，再经过一段时间后，以统计学方法比较两组畜禽群体感染某种疫病的情况，以确定某因素是否和该病有关。

1.3.2 实验法

流行病学中所用的实验法也叫做实验流行病学，是把来自同一总体的研究对象随机分为实验组和对照组，实验组给予实验因素，对照组不给予该因素。然后前瞻性地随访各组结局并比较其差别程度，从而判断实验因素的效果。

实验流行病学的基本特征：①施加干预措施；②前瞻性观察；③必须有平行对照；④随机分组。当一项实验研究缺少前瞻性观察、平行对照、随机分组三个特征中的一个或多个时，就称为类实验或准实验。

2 动物疫病的描述

2.1 动物疫病主要特征

不同疫病临床上表现不同，同一种疫病在不同种类动物体的表现也多种多样，甚至对同种动物不同个体的致病作用和临床表现也有差异，但传染病、寄生虫病均有各自共同的特征。

2.1.1 动物传染病的特征

（1）由特定病原体引起　每种传染病都有特定病原。如猪瘟由猪瘟病毒引起，猪丹毒由猪丹毒杆菌引起等。

（2）传染方式和类型多样　病原侵入动物机体后，如果病原具有足够毒力和数量，而动物机体抵抗力相对较弱时，在临诊上出现一定症状，此过程称为显性感染；如果侵入的病原定居在某一部位，虽能进行一定程度的生长繁殖，但动物不呈现任何症状，而通过免疫学检测，可发现动物对入侵的病原产生了特异性免疫，此种状态称为隐性感染。处于隐性感染状态的动物称为带菌（毒）者。

（3）具有传染性和流行性　从发生传染病的动物体内排出的病原可以通过某些途径侵入其他易感健康动物体内，能引起具有同样症状的疫病，这种使疫病从发病动物传染给健康动物的现象，是区别传染病和非传染病的一个重要特征。当条件适宜时，在一定的时间内，某一地区易感动物群中可能有许多动物被感染，致使传染病蔓延传播，形成流行。

（4）被感染的机体发生特异性反应　在感染过程中，由于病原的抗原刺激作用，机体发生免疫生物学变化，产生特异性抗体和变态反应等，这种反应可以用血清学方法检查出来。动物耐过传染病后，在大多数情况下，均能产生特异性免疫，使机体在一定的时间内或终生不再感染同种传染病。

（5）具有特征性临床表现　传染病临床表现因病原不同而异，大多数传染病都具有特征性综合症状，以及潜伏期和病程经过（前驱期、明显期、恢复期）。

（6）带菌现象　动物痊愈后，临床症状消失而体内病原微生物不一定能完全清除，在一定的时间内仍然向外界排菌，继续传播疫病。该类动物称为带菌者。

2.1.2　动物寄生虫病的特征

（1）寄生方式多种多样　一种生物在另一种生物的体内或体表生活，从另一种生物体内汲取营养，并对其造成毒害，这种生活方式称为寄生。营寄生生活的动物称为寄生虫，而被寄生虫寄生的动物称为宿主。寄生虫按寄生生活的时间长短，可分为暂时性寄生虫和固定性寄生虫。按寄生部位，可分为外寄生虫和内寄生虫。

（2）生活史复杂　有些寄生虫在其生长发育过程中往往需转换多个寄主。寄生虫成虫期寄生的宿主称为终末宿主，寄生虫能在其体内发育到性成熟阶段，并进行有性繁殖；寄生虫幼虫期寄生的宿主为中间宿主；有的幼虫期所需的第二个中间宿主称为补充宿主；寄生虫寄生于某些宿主体内，可以保持生命力和感染力，但不能继续发育，这种宿主称为贮藏宿主。

（3）对机体危害形式多样　寄生虫病对畜禽健康造成巨大危害，虫体对宿主的损伤多种多样。有的寄生虫通过吸盘、棘沟移行，可直接造成组织损伤；虫体压迫器官组织或阻塞于有管器官，可引起器官萎缩或梗塞等；有的寄生虫通过夺取营养，造成宿主营养不良、消瘦、维生素缺乏等；有的寄生虫还分泌毒素（如吸血的寄生虫分泌溶血物质和乙酰胆碱类物质，使宿主血液凝固缓慢；锥虫毒素可引起动物发热，血管损伤，红细胞溶解）；有的寄生虫分泌宿主消化酶的拮抗酶，影响消化机能。

2.2　疫病发生的度量指标

2.2.1　数、比、比例、率

2.2.1.1　数（Count）

数是指单纯对特定动物群体中的动物数量、病例数量、感染数量的简单列举。

2.2.1.2　比（Ratio）

比是由一个前项和一个后项组成的除法算式，如 $\frac{a}{b}$，在除法算式中表示的是一种运算，在流行病学中，比表示分子（a）和分母（b）的关系，分子和分母是两个不相互重叠或包含的量。

比在流行病学研究中使用较多，一般情况下，不同年龄动物、不同性别动物的比值相对稳定。但是某些事件可能会引起相关比值发生变化，如2020年，受新型冠状病毒肺炎疫情等多种因素的影响，生猪存栏量减少，猪肉价格飙升，使得养猪积极性提高，从而饲养的母猪数量增多，母猪与商品猪存栏比明显提升。

2.2.1.3 比例（Proportion）

比例是一个总体中各个部分的数量占总体数量的比，即 $\frac{a}{a+b}$，其中分子是分母的一部分，通常反映总体的构成和结构。假定总体中数量 N，被分成 k 部分，每一部分的数量分别是 "N_1，N_2，…，N_k"，根据定义各个部分的和等于1，即

$$\frac{N_1}{N} + \frac{N_2}{N} + \cdots \frac{N_k}{N} = 1$$

比例是将总体中各个部分的数值都变成同一个基数，也就是都以1为基数，这样就可以对不同类别的数值进行比较。百分率、百分比是对比的基数抽象化为100而计算出来的，用％表示。

例如：某养牛场存栏200头牛，其中30头感染了口蹄疫。由此可以得到该养牛场感染口蹄疫的比例为：30/200×100％＝15％。

2.2.1.4 率（Rate）

率是指在一段时间里，某事件在某确定动物群体中发生的频率，主要用于描述某事件发生的强度。

例如：某养牛场存栏100头牛，其中30头感染了口蹄疫。在2020年之前感染了10头，2020年又感染了20头，那么该养牛场中感染口蹄疫的比例为30％，但是2020年口蹄疫的感染率为20/90（100头牛中，在2020年的易感动物只有90头），也就是说该养牛场2020年口蹄疫感染率为22.2％。

2.2.2 度量指标

度量动物疫病发病情况的指标有发病数、发病风险、发病率、袭击率（罹患率）、续发率、流行率、感染率、死亡率、病死率、特因死亡率等。

2.2.2.1 发病数（Incidence Count）

发病数指在特定群体中所观察的病例数。

2.2.2.2 发病风险（Incidence Risk，R）

发病风险是指某一动物个体或群体在未来一定时间内发生某种动物疫病的可能性。风险作为一种度量疫病频率的方式，仅仅适用于封闭群体，因为其中

的个体风险在整个风险阶段都可以被观测到。发病风险取值范围在 0~1 之间，使用时必须界定所适用的时间期限。例如一头奶牛下一周发生牛白血病的风险可能为 0，但接下来 2 年内发病风险可能达到 14%。

2.2.2.3 发病率 (Incidence, I)

流行病学中，发病率表示在一段时期内，某动物群体中某病新发生病例出现的频率。发病率是反映疫病对动物健康影响和描述疫病分布状态的一项测量指标。发病率高，说明疫病对动物群体健康影响大；发病率低，说明疫病对动物群体健康影响较小。通过比较不同特征种群的某病发病率，可探讨病因和评价防治措施。

发病率的计算公式及适用条件有多种表述方式。

当观察期过长、风险动物群体可能出现较大变化时，可用如下公式进行计算。

$$发病率 = \frac{一定时间内某群体中某病新发病例数}{同时期内风险动物-时间单位数} \times 100\%$$

一个动物-时间单位为处于特定时间的某动物（如牛-月，羊-年）。发病率 (I) 是一定时间内某动物群体中每个动物在单位时间的新发病例数。若在观察期内某头牲畜多次发病时，则应分别记为新发病例数。例如一个养牛场中有 100 头牛，一年内发生了 12 例口蹄疫病例，则发病率为 $12/100 \times 100\%$，即 12%。

例如一个养殖场目前存栏 100 头牛，但其在该养殖场生活时间不同。其中 10 头在此生活 12 个月，20 头在此生活 9 个月，30 头生活 6 个月，40 头生活 3 个月，则计算的动物-时间单位数应该为 $(10 \times 12) + (20 \times 9) + (30 \times 6) + (40 \times 3) = 600$ 牛-月，即 50 牛-年，则发病率为 $50/100 \times 100\%$，即 50%。

若风险动物群体变化不大时，发病率可用如下公式进行计算，通常在防控实践中应用。

$$发病率 = \frac{某时期内某群体中某病新发病例数}{同时期内该群体易感动物的平均数} \times 100\%$$

其中，分子是观察期内新发病例数，分母是观察期开始和观察期结束时群体易感动物总数的平均值，即 $(V_{t_0} + V_{t_1})/2$。其中 V_{t_0} 是观察期开始时的易感动物总数，V_{t_1} 是观察期结束时的易感动物总数。

当考虑群体内风险动物发病、死亡、调入、调出，且发病动物不会恢复、淘汰时，发病率可用如下公式进行计算。

$$发病率 = \frac{新发病例数}{\left(\begin{array}{c}初始风险\\动物数\end{array} - \begin{array}{c}1/2发\\病数\end{array} - \begin{array}{c}1/2出栏或\\死亡数\end{array} + \begin{array}{c}1/2补\\栏数\end{array}\right) \times 时间} \times 100\%$$

当动物可以重复发病且患病期短时，发病率可用如下公式进行计算。

$$发病率 = \frac{新发病例数}{\left(\begin{matrix}初始风险\\动物数\end{matrix} - \begin{matrix}1/2 出栏或\\死亡数\end{matrix} + \begin{matrix}1/2 补\\栏数\end{matrix}\right) \times 时间} \times 100\%$$

2.2.2.4 袭击率（Attack Rate，AR）

袭击率也称罹患率，通常指某种突发病在某一局限范围，短时间内的发病率。观察时间可以以日、周、旬、月为单位。适用于局部地区疫病的暴发，可以反映传染病的烈性程度。

$$袭击率 = \frac{观察期内新发病例数}{观察期初始时的易感动物数} \times 100\%$$

例如某禽场有 3 个禽舍，家禽免疫接种情况有所不同，疫情情况也有明显不同，计算分析三个禽场的袭击率（表 2-1）。

表 2-1 某禽场不同禽舍变异禽流感毒株引发的袭击

禽舍编号	存栏数（羽）	免疫接种情况	第一个病例出现 3 天内		第一个病例出现 10 天内	
			发病数（羽）	袭击率	发病数（羽）	袭击率
1	5 000	接种后 30 天	1 000	20%	4 200	84%
2	5 000	接种后 10 天	3 000	60%	4 500	90%
3	5 000	未接种	4 200	84%	4 800	96%

从表 2-1 中可以看出，对于 1 号禽舍，只看第一个病例出现 3 天内的袭击率只有 20%，似乎不符合高致病性禽流感流行规律，但是持续观察到 10 天，禽流感引发的袭击率迅速增至 84%。

2.2.2.5 续发率（Secondary Attack Rate，SAR）

在动物群体中出现第一个病例以后，该传染病最短潜伏期到最长潜伏期之间，新出现的病例称为续发病例（也称二代病例），其占所有易感接触动物总数的百分比称为续发率。计算公式如下：

$$续发率 = \frac{一个潜伏期内易感接触者中发病动物数}{易感接触动物数} \times 100\%$$

在计算续发率时应将原发病例从分子及分母中去除。在进行续发率计算时，应该收集到原发病例的发病日期，群体内接触者中的易感者数，以及观察期间内发生的二代病例数。续发率可以反映出动物疫病传染力的强弱，可用于分析动物疫病流行因素，包括不同因素对传染病传播的影响，如动物群体的年龄、性别等对传播的影响；还可以使用续发率来评价动物疫病防控的效果，例如评价消毒、流通监管、强制免疫、扑杀等措施。

2.2.2.6　流行率（Prevalence Rate，P）

流行率也称现患率，指的是单位时间内某特定地区群体中某种传染病新旧病例所占的比例。流行率可按观察时间长短分为时点流行率（<1月）和期间流行率（>1月）。

$$时点流行率＝\frac{某一时点特定群体中某病新旧病例数}{该时点群体全体动物}×100\%$$

$$期间流行率＝\frac{观察期内特定群体中某病新旧病例数}{同期内该群体的平均动物数}×100\%$$

由公式可以看出，时点流行率的分母为该时点的风险动物数，而期间流行率的分母为观察期开始和结束时该群体风险动物的平均数。

发病率与流行率的区别在于：

（1）统计内容不同　发病率表示在一定期间内，一定动物群体中某病新发生的病例出现的频率，通常计算的是新发病例出现的频率。

流行率表示某特定时间内动物群体中某病新旧病例之和所占的比例，通常计算的是新旧病例占群体的比例。

（2）应用不同　发病率是由发病报告或队列研究获得的动物疫病频率，通常用来反映新发病例出现情况。发病率反映动态变化特征；流行率随着发病率的变化而变化，发病率快速升高，期间流行率自然快速升高。

流行率是由横断面调查获得的疫病频率，流行率反映的是某一疫病在某一时点或某一期间新旧病例的存在情况，具有静态特征。

期间流行率实际上等于观察期开始时的流行率加上该期间的发病率。流行率还受到发病率和病程的影响，流行率＝发病率×病程。

2.2.2.7　感染率（Infection）

感染率是指在某个时间内实施检查的动物样本中，某病现有感染动物数所占的比例。

根据感染率所反映时段的不同，可将感染率分为现状感染率和新发感染率两种。①现状感染率：其性质类似于患病率，指特定时间内的感染率。②新发感染率：其性质类似于发病率，指某病新感染出现的频率。

感染率的计算公式为：

$$感染率＝\frac{受检动物阳性检出数}{受检动物总数}×100\%$$

感染率是反映某种疫病感染水平的一项指标，是评价动物群体健康状况的常用指标。感染率对于研究某些传染病或寄生虫病的感染情况、流行态势和分析防治工作的效果，特别是对那些隐性感染、病原携带及轻型和不典型病例的调查较为有用，可以为制定动物疫病防治措施提供科学依据。

2.2.2.8 死亡率（Mortality Rate）

死亡率是指在一定时间内（通常为 1 年），特定动物群体死于某病（所有原因）的频率，是测量死亡风险最常用的指标，反映的是危害程度。

$$死亡率 = \frac{一定时期内某群体动物死亡数}{同期内该群体动物平均数} \times 100\%$$

例如某病导致的牛死亡率为 3.5‰，则在某养殖场 10 万头牛中，每年有 350 头牛因该病死亡。

死亡率通常用于衡量某一时期、某一地区动物群体死亡风险大小。某病的死亡率通常用来描述此病的危害程度。死亡率不同于流行率和发病率，但某些烈性的传染病（如牛瘟、高致病性禽流感）的死亡率和发病率相当接近。

2.2.2.9 病死率（Fatality Rate）

病死率表示一定时期内，因患某种动物疫病死亡的动物数量占患病动物总数的比例。一定时期对于病程较长的疫病可以是一年，病程短的可以是几个月或几天。计算公式为：

$$病死率 = \frac{某时期因某病死亡动物数}{同期患该病的动物数} \times 100\%$$

如果某病的发病和病程处于稳定状态时，病死率与死亡率有以下关系：

$$病死率 = \frac{某病死亡率}{某病患病率} \times 100\%$$

病死率的应用意义如下：①病死率表示确诊疫病的死亡概率，因此可反映疫病的严重程度。②病死率可反映诊治能力等医疗水平。③通常多用于急性传染病，较少用于慢性病。

2.2.2.10 特因死亡率（Cause-Specific Mortality）

特因死亡率指在特定时段内，因某种特定疫病死亡的动物数。特因死亡率的分母既包括该病的现有病例（指患病但还没有死亡的动物数），也包括有患病风险的动物数。

2.2.3 率的标准化

2.2.3.1 粗率

粗率是群体中某病总量的表达方式。按照某病发病或死亡总数统计出的发病率或死亡率，例如不依据动物年龄、品种、饲养模式和结构进行调整，通常称为发病或死亡粗率。

2.2.3.2 专率

通常不同年龄、品种和饲养模式的动物，对某病的感染情况可能不同。为了能够清晰地阐明特定疫病或流行病学事件的特征，通常要求按照年龄、品种、饲养模式等方式，将动物分层或分组统计专门的发病率、死亡率等。这种按照动物属性，将群体中的动物分为特定类别，统计出的发病率、死亡率等称为专率。

2.2.3.3 标准化率

标准化率是流行病学常用的指标，当几个比较组之间的年龄、品种等变量的构成不同时，此时直接比较组间的粗率容易导致偏倚，通常需要对率做标准化后再比较。在兽医流行病学中，标准化率是对动物分层获取专率的加权平均值，各层的权重根据标准权重得到。在评价动物疫病分布规律、发展趋势及制定疫病防控规划时，标准化率具有重要作用。

使用流行病学调查时获取的粗率，未消除动物年龄、品种、饲养模式的差别，未对专率进行加权统计，会扭曲疫病发生的真实情况。

例如，某兽医打算对 A、B 地区患某病的牛的治疗疗效做比较，A 地区治疗 240 例病，治愈 120 例；B 地区治疗 160 例病，治愈 80 例，具体如表 2-2 所示。

表 2-2　A、B 两地治疗某病的疗效

组别	A 地区			B 地区		
	治疗数	治愈数	治愈率	治疗数	治愈数	治愈率
幼畜	60	48	80%	120	72	60%
成畜	180	72	40%	40	8	20%
合计	240	120	50%	160	80	50%

由此算得两个地区的治愈率都为 50%，但把幼畜和成畜分开来比较，都是 A 地区的治愈率更高一些，但是，合计的治愈率却是相等的。其原因就是幼畜和成畜的治愈率不相等以及两个地区幼畜所占比例不相等。

在比较几个率时，应该考虑可比性问题。而解决可比性问题的方法之一是对率进行标准化后计算标准化率再做比较。

2.3　动物疫病的流行强度

动物疫病流行强度是指某病在某地区一定时期内某动物群体中，发病数量的变化及其病例间的关联强度。常用散发、暴发、流行及大流行表示。

2.3.1 散发

散发是指某病发病动物数不多,在某地区动物群体中呈历年的一般发病率水平,各病例在发病时间和地点上无明显联系。散发用于描述较大范围动物群体内某病的流行强度,而不适用于动物群体较少的单位,因为其发病率受偶然因素影响较大,年度发病率很不稳定。

确定是否散发一般与同一个地区、同一种疫病前三年的发病率水平比较,如当年的发病率未明显超过历年一般发病率水平时为散发。散发一般多用于区、县以上范围,不适于小范围区域。不同病种、不同时期散发水平不同。

以下情况时,动物疫病分布常呈散发形式。

(1)动物疫病常年流行,但对易感群体实施免疫接种后,动物群体维持一定的抗体保护水平,免疫力持久。

(2)隐性感染为主的疫病。

(3)传播机制难以实现的传染病。

(4)潜伏期较长的传染病。

2.3.2 暴发

暴发是指在局限的区域范围和短时间内突然发生病例的现象。指在一个局部地区或集体单位群体中,短时间内突然出现病例或疫情事件,疫病暴发时,发病率一般会大大超过同一病种散发水平,并在一段时间后趋于稳定。

2.3.3 流行

流行是指某地区、某病在某时间的发病率显著超过该病历年发病率水平。相对于散发,流行出现时各病例间呈现明显的时间和空间联系。流行与散发是相对概念,用于同一地区某病历年发病率之间的比较。有些传染病流行时,隐性感染占大多数,临床症状明显的病例可能不多,而实际感染率却很高,这种现象称为隐性流行。如果该病在某地区的发病率长时间维持在相对稳定范围,这种现象称为地方性流行。

2.3.4 大流行

大流行是指某病的发病率显著超过该病历年发病水平,动物疫病蔓延迅速,感染动物比例大,涉及地区广,在短期内跨越省界、国界甚至洲界而形成世界性流行。比如 2004 年高致病性禽流感波及 4 大洲,52 个国家发生 4 000

多起疫情，覆盖面超过历史 10 余次流行之和，各国扑杀家禽 2 亿多只。

值得注意的是，散发、暴发、流行和大流行并没有一个固定的发病水平，而只是一个相对概念，需要基于动物疫病发生的范围、持续时间、发病率变化情况而定。

2.4　动物疫病的三间分布描述

动物疫病三间分布指的是特定动物疫病的时间、空间和群间分布形式。

2.4.1　时间分布

疫病流行过程均随时间的推移而不断变化。时间是研究动物疫病分布的重要指标之一。动物疫病时间分布分为下列四种类型。

2.4.1.1　短期波动（Rapid Fluctuation）

有时也称时点流行或暴发。动物疫病在集体或固定动物群体中，短时间内发病病例数突然增多，称为短期波动。常见因食物或水源被污染而发生的中毒等属于短期波动。中毒暴发时，潜伏期短，发病数可以在几个小时或几天内达到高峰。由于传染病的致病因子不同，潜伏期也有所不同，但大多数发病病例发病时间是介于最短潜伏期到最长潜伏期之间。发病高峰与该病的常见潜伏期基本一致，故可从发病高峰推算出暴露时间，从而找出某病短期波动的原因。短期波动与暴发的区别在于暴发常用于少量动物数，而短期波动常用于较大数量的群体。

2.4.1.2　季节性（Seasonality）

有些动物疫病尤其是传染病，发病率呈现每年在一定季节内升高的现象，称为季节性。动物疫病呈现季节性变化的原因很复杂，受各种气候条件、媒介昆虫、野生动物迁徙、动物机体抵抗力、动物流通等因素影响。

一般传染病的季节性表现得较为明显。例如猪流行性乙型脑炎有严格的季节性，普遍在夏、秋季出现，春、冬季极少出现。口蹄疫、高致病性禽流感，虽然一年四季均有发生，但仅仅在一定月份病例数升高，称为季节性升高。A型口蹄疫在秋、冬季节的发病数超过全部发病数的 3/4，这说明秋、冬季节是A型口蹄疫病毒迅速扩散传播的适宜季节。O型口蹄疫在春、冬季节的发病数是全部发病数的 86%，这说明春、冬季节是O型口蹄疫病毒迅速扩散传播的适宜季节。Asia Ⅰ型口蹄疫在春季发病数量最多，这说明春季是 Asia Ⅰ型口蹄疫病毒迅速扩散传播的适宜季节，如表 2-3 所示。掌握了动物疫病发生的季节性，可以为动物疫病的防治对策提供依据。

表 2 - 3　不同类型口蹄疫在不同季节的发病数

	A 型	O 型	Asia I 型	合计
春季	119	2 417	225	2 761
冬季	153	1 749	101	2 003
秋季	321	75	121	517
夏季	33	565	50	648
合计	626	4 806	497	5 929

2.4.1.3　周期性（Periodicity）

某些传染病相隔若干年发生一次流行，并且有规律性变动的现象，称为动物疫病的周期性波动。一般情况下，具备周期性流行特征的疫病具有 4 个特点：①易感动物群体密度较大，特别是易感动物累积的速度较快；②疫病的传播机制容易实现，易感动物受感染的机会较多；③疫病发生后，感染动物可形成稳固的免疫抗体，疫病流行后发病率在一定时期内迅速下降；④疫病防控措施不稳定。

特别需要指出的是，动物疫病的周期性并不是固定不变的，具备周期性流行特征的动物疫病，其流行间隔期长短主要受到 5 种因素影响：①前一次流行后所遗留下来的易感动物（未发病）与感染康复动物比例。比例越大，间隔期越短。②新的易感动物补充累积速度。速度越快，间隔期越短。③群体免疫抗体持续时间长短。免疫抗体持续越久，间隔周期越长。④病原体变异速度。病原体变异越快，间隔期越短。⑤动物疫病防控措施可以干扰疫病周期性。防控措施越严格，越稳定，间隔周期越长。

2.4.1.4　长期变动（Secular Change）

长期变动是指在一个相当长的时间内，通常为几年或几十年，或更长的时间内，疫病的感染类型、病原体种类及宿主随着饲养模式、生态环境改变以及人工干预措施的出现而发生显著变化。

随着饲养条件的不断改善，实施人工免疫接种等综合防控措施的情况下，一些严重危害我国畜牧业发展的重大传染病，如牛瘟、牛肺疫等被彻底消灭，猪瘟等一直在减少。以 2018 年中国非洲猪瘟疫情时间分布情况为例。

2018 年 8 月 2 日，我国首次发生非洲猪瘟疫情。截至 2019 年 7 月 31 日，我国已有 27 省、4 个直辖市相继发生 152 次非洲猪瘟疫情。疫情初期发生间隔时间较长，但随后疫情发生更为频繁，走势持续上升。2018 年 9、10、11、12 月疫情暴发次数均超过 20 次，2019 年 1—7 月疫情发生相对较平缓，平均每月疫情为 7.2 次（图 2 - 1）。

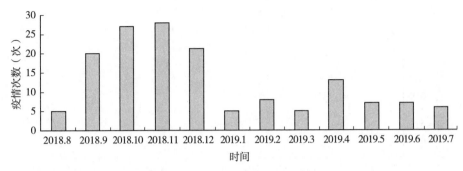

图 2-1 非洲猪瘟月疫情次数

2018 年 8 月至 2019 年 7 月底，全国疫点生猪存栏 342 394 头，发病 24 694 头，死亡 18 179。非洲猪瘟月发病率和病死率见图 2-2。

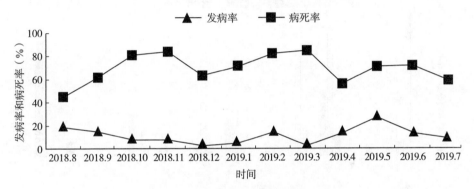

图 2-2 非洲猪瘟月发病率和病死率

2007—2019 年，全国共检测家禽 H5 亚型高致病性禽流感（HPAI）病原学样品 58.501 36 万份，检出阳性样品 1 003 份，平均病原阳性率为 0.171%。2007—2019 年家禽病原阳性率呈波动变化，鸡、鸭病原阳性率在 2010 年达到第一个高峰后回落，于 2013 年降至谷底后上升，2014 年达到第二个高峰后下降，2016—2018 年家禽病原阳性率接近 0，但 2019 年家禽病原阳性率骤然上升至 0.053 9%，高于 2007—2018 年水平。鸡的病原阳性率远低于鸭和鹅的病原阳性率，见图 2-3。3—4 月和 12 月家禽病原阳性率更高，5 月、8 月、10 月和 11 月阳性率接近于 0，见图 2-4。

2.4.2 空间分布

动物疫病的发生经常受到自然环境和社会生活条件的影响，所以研究疫病空间分布可为研究疫病的病因、流行因素等提供重要线索。形成疫病空间分布

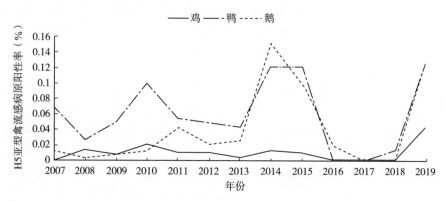

图 2-3 2007—2019 年全国家禽 H5 亚型高致病性禽流感病原阳性率的时间变化趋势

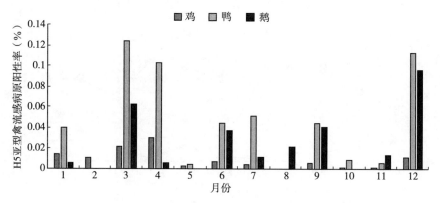

图 2-4 不同月份家禽 H5 亚型高致病性禽流感病原阳性率

差异的原因很复杂，地理、气候条件、物理、化学、生物环境、卫生水平等因素，均可影响疫病的空间分布。空间划分因不同的研究目的与疫病特点而异。在世界范围内，可按国家、洲划分；在一个国家内可按该国的行政区划分，如我国可按省、地区、县、乡等划分，也可按自然环境划分，如按山区、平原、湖泊、气候、土壤中某些化学元素含量等自然环境特征划分。

研究疫病空间分布时，可应用标点地图、疫病地区分布图和疫病传播蔓延图等。

疫病在世界各国的分布不同，其发病率、死亡率等常有很大差别。不同的疫病在气象因素、自然环境、人群生活习惯等诸多因素作用下，以及致病因子的作用下呈现不同的分布特点。如口蹄疫遍布全球范围，蓝舌病主要分布在北纬 53°与南纬 34°之间。

口蹄疫在我国大部分地区均有发病，其中西北地区、华南地区和西南地区发病较为严重，西北地区最为严重。在华北地区，AsiaⅠ型和 O 型的发病率相差不大，都占总发病数的一半左右；华东地区有 O 型和 A 型两种，但是 O 型占 71%，为主要病型；华南地区 AsiaⅠ型和 A 型、O 型都有分布，但是 O 型占总发病数的 99%，A 型、AsiaⅠ型所占比例甚少；华中地区有 AsiaⅠ型和 A 型，但以 AsiaⅠ型为主；西北地区三种类型都有，但是以 O 型为主，占 77.52%；西南地区，三种病型都有，且也以 O 型为主，所占比例超过 82%。见表 2-4。

表 2-4　不同类型口蹄疫在全国各地区发病情况

发病地区	总发病数	A 型	O 型	AsiaⅠ型
华北地区	38	0 (0.00)	18 (47.37%)	20 (52.63%)
华东地区	314	0 (0.00)	223 (71.02%)	91 (28.98%)
华南地区	1 556	12 (0.77%)	1 543 (99.16%)	1 (0.06%)
华中地区	168	58 (34.52%)	0 (0.00)	110 (65.47%)
西北地区	3 137	375 (11.95%)	2 432 (77.52%)	330 (10.51%)
西南地区	712	90 (12.64%)	590 (82.86%)	32 (4.49%)
合计	5 925	535 (9.03%)	4 806 (81.11%)	584 (9.86%)

空间上，2008—2015 年 H5 亚型 HPAI 发生范围较广，主要分布在中国南方。2016—2018 年 H5 亚型 HPAI 分布范围较小，但 2019 年 H5 亚型 HPAI 又出现反弹趋势，疫情主要发生在辽宁、湖北、湖南以及西南地区（云南、贵州、四川、重庆）。

2018 年，我国非洲猪瘟第一起疫情发生 4 个月后，疫情已经蔓延至 20 个省份，9 个月后疫情蔓延至 31 个省份，在全国范围内无规律跳跃式传播，不是单一的以辽宁沈阳为疫情源头逐步向相邻省份蔓延，而是多源头多路线同时扩散。如表 2-5 为非洲猪瘟在我国的疫情分布。

表 2-5　我国各省份非洲猪瘟疫情发病次数与首次发病日期

省份	疫情次数（次）	省份	首次发病日期
辽宁省	20	辽宁省	2018 年 8 月 03 日
贵州省	11	河南省	2018 年 8 月 16 日
安徽省	9	江苏省	2018 年 8 月 19 日
云南省	9	浙江省	2018 年 8 月 22 日

（续）

省份	疫情次数（次）	省份	首次发病日期
四川省	8	安徽省	2018 年 8 月 30 日
湖南省	8	黑龙江省	2018 年 9 月 05 日
湖北省	7	内蒙古自治区	2018 年 9 月 14 日
广西壮族自治区	6	吉林省	2018 年 9 月 20 日
黑龙江省	6	天津市	2018 年 10 月 12 日
内蒙古自治区	6	山西省	2018 年 10 月 17 日
北京市	6	云南省	2018 年 10 月 20 日
海南省	6	湖南省	2018 年 10 月 22 日
山西省	5	贵州省	2018 年 10 月 25 日
陕西省	4	重庆市	2018 年 11 月 04 日
吉林省	4	湖北省	2018 年 11 月 07 日
重庆市	3	福建省	2018 年 11 月 08 日
福建省	3	江西省	2018 年 11 月 08 日
广东省	3	四川省	2018 年 11 月 15 日
宁夏回族自治区	3	上海市	2018 年 11 月 17 日
新疆维吾尔自治区	3	北京市	2018 年 11 月 23 日
西藏自治区	3	陕西省	2018 年 12 月 02 日
江苏省	3	青海省	2018 年 12 月 12 日
江西省	3	广东省	2018 年 12 月 19 日
浙江省	2	甘肃省	2019 年 1 月 13 日
河南省	2	宁夏回族自治区	2019 年 1 月 20 日
天津市	2	山东省	2019 年 2 月 02 日
青海省	2	广西壮族自治区	2019 年 2 月 18 日
甘肃省	2	河北省	2019 年 2 月 24 日
山东省	1	新疆维吾尔自治区	2019 年 4 月 04 日
河北省	1	西藏自治区	2019 年 4 月 07 日
上海市	1	海南省	2019 年 4 月 19 日

2.4.3 群间分布

动物群体可按不同的特征（年龄、畜种或品种）来分组，分析具有不同特征的动物群体某病的发病率、死亡率等。研究动物疫病在不同动物群体的分布有助于确定危险群体和探索致病因素，对动物疫病的防控具有重要的意义。

2.4.3.1 年龄分布

动物疫病的年龄分布特点是诊断动物疫病的重要依据。从动物个体看，动物疫病的发生与年龄关系最为密切，大多数动物疫病的发病率和病死率随着年龄的变化而变化，有些动物疫病特异性地发生在一个特殊的年龄阶段中，如鸡传染性支气管炎以雏鸡发病最为严重，鸡传染性法氏囊病最易感的是 3～6 周龄的鸡，澳洲长尾小鹦鹉幼雏病只导致 30 日龄以内的幼雏发病，年龄分布特点十分明显。

（1）研究动物疫病年龄分布的目的　研究动物疫病年龄分布特点是流行病学工作者的重要任务之一，其用途表现在以下几个方面：一是统计疫病不同年龄分布的特点，可以作为诊断疫病的依据；二是分析疫病不同年龄分布的差异，有助于深入探索致病因素，为研究病因提供线索；三是依据年龄分布特点，可以确定重点风险群体，并基于病因研究，进一步有针对性地制定预防或干预措施；四是根据年龄分布的动态变化，推测群体免疫状况的变化趋势，为合理制定免疫程序提供依据；五是确定年龄分布特点，是科学评价疫病经济损失的依据。

（2）影响动物疫病年龄分布的因素　疫病发生的年龄分布特点是致病因子、环境和宿主因素综合作用的结果。因此，影响疫病分布特点的因素应从这四个方面综合考虑。

①致病因子因素　致病因子的生物学特点和致病机理是影响疫病年龄分布的重要因素。有些传染性病原体可以通过生殖道感染造成垂直传播，如鸡白痢通过胎盘感染造成孵化期和育雏期的雏鸡大批死亡。而禽淋巴白血病病禽从感染到产生肿瘤的潜伏期较长，一般 16 周龄才开始发病。鸡马立克氏病由于其特殊的致病机理，1 月龄之内的雏鸡很少发生肉眼可见的肿瘤。

②宿主生理功能因素　易感动物处于不同的发育阶段，对各种动物疫病的敏感性可能有所不同。如仔猪黄痢常常导致 1 周龄以内的仔猪病亡，但是随着仔猪年龄的增长，仔猪对仔猪黄痢的敏感性很快下降。例如，鸡传染性法氏囊病主要发生在 2～11 周龄的鸡、3～6 周龄为发病高峰。这与该病的靶器官法氏囊的发育密切相关。正常情况下，法氏囊在雏鸡出生后 3 周内发育最快，3～6 周生长趋于稳定，而后逐渐退化，到 12 周龄基本萎缩无功能。动物群体

中很多遗传病也有特定的年龄分布特点。新生幼畜溶血病和水貂的脑水肿病，都发生在其出生阶段并导致其死亡。与遗传因素有关的牛地方流行性白血病，则主要发生于成年。

③环境因素　环境对动物疫病的发生有重要影响。如鸭瘟，在自然条件下成年鸭和产蛋母鸭发病率和死亡率高，是因为成年鸭和产蛋母鸭多采用放牧饲养，接触到污染场鸭瘟病毒的可能性较大。而雏鸭大多采用舍饲，接触鸭瘟病毒的可能性较低，所以发病率和死亡率相对较低。如果雏鸭被人工感染，发病率和死亡率同样会很高。

④免疫因素　接种疫苗的主动免疫会将某病的易感动物转变为非易感动物，从而改变该病的固有年龄分布。如在牛瘟、猪瘟等烈性疫病的防控中，疫苗具有很重要的作用。对于某些动物疫病，胎儿可通过胎盘得到来自母体的抗体，获得被动免疫，从而不再易感。另外，动物疫病流行情况也可通过影响动物免疫抗体水平而影响年龄分布，当某地出现新发病时，群体普遍缺乏免疫力，各年龄组的易感动物发病率无显著差异。很大程度上，畜群的年龄结构和不同年龄组的免疫水平决定了动物疫病的年龄分布。某病在某一地区反复流行时，成年动物多因在幼时受到感染而获得免疫，因此幼龄动物发病多。

2.4.3.2　性别分布

很多动物疫病表现出性别分布差异，其影响因素复杂。有些与动物解剖和生理特点有关。如公牛易患尿道结石，这与其尿道具有特殊的解剖构造——S状弯曲有关。性激素的影响也是很多疫病产生不同性别分布的原因。如兔的乳腺肿瘤常见于未经阉割的经产多年母兔。有些动物疫病与遗传因素有关，如犬的开放性动脉管病是由遗传引起的，母犬多于公犬。有些与外界环境或饲养管理等有关，如公犬感染犬恶丝虫是因为公犬野外活动较多，被蚊虫叮咬感染犬恶丝虫的概率就大。

2.4.3.3　种和品种分布

种和品种对不同传染性病原体的敏感程度和应答反应有差异。如单蹄兽对口蹄疫不易感，禽类不患炭疽，犬不患心水病等。不同品种的同一种类动物易感程度也有所不同，如伊沙鸡、狼山鸡对马立克氏病高度易感，而有些品种却有较高的抗马立克氏病的能力。影响动物疫病种和品种分布的因素很多，有些目前仍然处于探索阶段。

口蹄疫的发病在不同种类动物和发生类型上均有差异。猪的口蹄疫发病数最多，其次是牛，羊很少发病。牛三种类型口蹄疫发病的概率基本相等，羊主要发生 O 型口蹄疫，猪主要发生 O 型口蹄疫。从发病类型上看，A 型和 Asia Ⅰ型口蹄疫主要引起牛发病；O 型口蹄疫可引起牛、羊、猪的发病，但最主要是猪，其次是牛。如表 2-6 所示。

表 2-6 不同类型口蹄疫在不同种动物间的发病数

发病动物	A 型	O 型	Asia I 型	合计
牛	607	553	497	1 657
羊	0	67	0	67
猪	19	4 186	0	4 205
合计	626	4 806	497	5 929

动物疫病的种和品种分布对指导重大疫病防控实践具有重要意义。如制定口蹄疫强制免疫政策时，需要对猪、牛、羊等家畜进行 O 型口蹄疫强制免疫，就是基于当前不同亚型口蹄疫的种间分布特征制定的。

2.4.3.4 不同养殖模式的分布

由于饲养管理水平不同，不同养殖模式的动物群体对特定动物疫病病原接触机会和抵抗力不同，感染率、发病率和病死率均表现出明显差异。调查表明，散养户、防疫条件较差的养殖大户是当前畜牧业的高风险群体。总体而言，随着养殖规模加大、防疫水平提高，发病风险相应降低。

另外，20 世纪 90 年代发展起来的养殖小区，是疫病高风险发病群体。个别地区，小区模式养殖量可占当地养殖总量的 80% 以上。个别养殖小区选址随意，布局混乱，养殖密度高，多种动物混养，管理不规范，防疫制度不统一，疫病传入风险大。据研究，在缺乏统一管理的养殖小区内，疫情发生后相互传播流行的风险随户数的增加呈几何倍数增长。动物疫病的这种群间分布模式表明，建立动物防疫条件审核管理制度，转变畜禽养殖模式是建立重大动物疫病长效防控机制的关键环节，在当前的养殖模式下，轻易设定疫病消灭目标并不容易实现。

对我国 2018 年发生的非洲猪瘟实施群间分析，结果表明，整体疫情规模较大，屠宰场以及各种规模养殖场所均有发生。养殖公司和养殖合作社存栏数量较多，但养殖场（户）发生疫情次数最多，发病率和病死率与养殖类型无明显差异。从种猪类型来看，家猪、藏香猪、野猪均有发生，家猪发生疫情次数最多，存栏数量也最多。

3 动物疫病的传播及防控

3.1 动物疫病的传播

3.1.1 传染源

传染源是指体内有病原体生存、繁殖并且能排出病原体的人和动物，包括病人、病原携带者和受感染的动物。病原体就是能引起动物疫病的微生物和寄生虫的统称。微生物占绝大多数，包括病毒、衣原体、立克次体、支原体、细菌、螺旋体和真菌；寄生虫主要有原虫和蠕虫。病原体属于寄生性生物，所寄生的自然宿主为动植物和人。传染源一般有以下 5 类。

（1）感染并正在发病的动物　例如，结核病人发病期间，结核分枝杆菌在体内大量增殖，随着咳嗽，将结核分枝杆菌排泄到体外；发生狂犬病的病犬，狂犬病病毒在其体内大量增殖，并随着唾液等途径排泄到外界。这些发病者都是传染源。

（2）已经感染病原并将要出现症状的动物　即处于潜伏期内的动物。

（3）康复后携带病原的动物　例如，猪感染猪瘟病毒而发病，康复后，猪可能会长期携带猪瘟病毒，是猪瘟重要的传染源之一。

（4）隐性感染的动物　感染某种病原，但是没有出现临床症状的动物。例如，水禽感染高致病性禽流感病毒后，病毒在其体内大量增殖，并不断排泄到外界，是此病重要的传染源之一，但是它们往往并不发病。

（5）人工病原培养体系　主要是指实验室、疫苗生产单位或生物武器生产者利用培养基进行病原体外培养的体系。

动物作为传染源的意义，主要取决于人与受感染动物接触的机会和密切程度、受感染动物的种类和数量，以及环境中是否有适宜该病传播的条件等。此外，与人们的卫生知识水平和生活习惯等因素也有很大关系。

3.1.2 传播途径

传播途径是指病原体从传染源排出后侵入另一易感动物所经过的途径。在传播方式上可以分为直接接触传播和间接接触传播两种。在病原体更迭其宿主时分为水平传播和垂直传播两种。

3.1.2.1 直接接触传播

在没有任何外界因素参与时，传染源与健康动物直接接触发生传播的传播方式，如交配、舐咬等。通常在狂犬病的传播中，易感动物被病畜直接咬伤，并随着唾液将狂犬病病毒带进伤口，才有可能引起感染和发病，一般不易造成广泛的流行。

3.1.2.2 间接接触传播

必须在外界环境因素的参与下，病原体通过传播媒介使易感动物发生传染的传播方式，从传染源将病原体传播给易感动物的各种外界因素称为传播媒介，它可以是生物，也可以是无生命的物体。

大多数疫病如口蹄疫、猪瘟、马流行性感冒等以间接接触传播为主要传播方式，同时也可直接接触传播。间接接触一般包括如下几种传播途径。

（1）经空气（飞沫、尘埃）传播 在某些患病动物的呼吸道内含有大量的病原体，当患病动物咳嗽、喷鼻时，随飞沫散布于空气之中迅速传播，如2019年大面积暴发的新型冠状病毒肺炎疫情。

（2）经饲料、饮水传播 病原体被传染源排出后，污染了饲料、牧草、饮水，健康动物采食后造成感染。此外，水中含有的病原体如钩端螺旋体等可经皮肤、黏膜侵入健康动物体内引起感染。

（3）经土壤传播 有些病原体能在土壤中生存较长时间，当易感动物接触污染土壤时，可能发生感染，如炭疽、破伤风、恶性水肿及猪丹毒等。

（4）经媒介动物传播 非本种动物和人类也可能作为媒介传播动物疫病。

（5）经人类传播 饲养人员、畜牧兽医人员、直接与动物接触的有关人员，在工作中不遵守防疫卫生制度，消毒不严（如针头、体温计及其他器械等），可能机械性地传播病原体。有些人畜共患的疫病如口蹄疫、布鲁氏菌病、结核病等，人也可能成为传染源。因此，结核病的患者不许饲养或管理健康家畜。

（6）经用具传播 传染源排出的病原体，可污染饲养用具、厩舍、刷拭用具、诊疗器械等，如鼻腔鼻疽病的鼻汁，常污染饲槽和饮水桶而传播鼻疽。

3.1.2.3 水平传播

病原体在更选其宿主时，第一、第二代宿主无特殊固定的关系，两者仅通过传播途径建立联系。可经消化道、呼吸道及皮肤黏膜的损伤等传播。

3.1.2.4 垂直传播

是指母体所患的疫病或所带的病原体，经卵、胎盘直接传播给子代。例如，鸡白血病病毒的病毒粒子可经卵细胞传到下一代，属于垂直传播。在垂直传播疫病中也可进行水平传播，如禽腺病毒、鸡白痢等动物疫病。

3.1.3 易感宿主

宿主也称为寄主，是指为寄生生物包括寄生虫、病毒等提供生存环境的生物。寄生生物通过寄居在宿主的体内或体表，从而获得营养，寄生生物往往损害宿主，使其生病甚至死亡。

宿主不只是被动地接受病原体的损害，而且主动产生抵制、中和外来侵袭的能力。如果宿主的抵抗力较强，病原体就难以侵入或侵入后迅速被排除或消灭。

病原体属于寄生性生物，所寄生的自然宿主为动植物和人。

宿主与病原体相互作用的过程，将最终决定是否发生感染和感染经过及结局。易感宿主指对生物性致病因子缺乏抗感染能力。

3.2 动物疫病的防控

3.2.1 动物疫病类别

根据动物疫病对养殖业生产和人体健康的危害程度，《中华人民共和国动物防疫法》和《中华人民共和国农业部第 1125 号公告》规定管理的动物疫病分为下列三类。

3.2.1.1 一类动物疫病（17 种）

一类动物疫病是指对人与动物危害严重，需要采取紧急、严厉的强制预防、控制、扑灭等措施的。包括口蹄疫、猪水疱病、猪瘟、非洲猪瘟、高致病性猪蓝耳病、非洲马瘟、牛瘟、传染性胸膜肺炎、牛海绵状脑病、痒病、蓝舌病、小反刍兽疫、绵羊痘和山羊痘、高致病性禽流感、新城疫、鲤春病毒血症、白斑综合征。

3.2.1.2 二类动物疫病（77 种）

二类动物疫病是指可能造成重大经济损失，需要采取严格控制、扑灭等措施，防止扩散的。包括：

多种动物共患病（9 种）：狂犬病、布鲁氏菌病、炭疽、伪狂犬病、魏氏梭菌病、副结核病、弓形虫病、棘球蚴病、钩端螺旋体病；

牛病（8 种）：牛结核病、牛传染性鼻气管炎、牛恶性卡他热、牛白血病、牛出血性败血病、牛梨形虫病（牛焦虫病）、牛锥虫病、日本血吸虫病；

绵羊和山羊病（2 种）：山羊关节炎脑炎、梅迪-维斯纳病；

猪病（12 种）：猪繁殖与呼吸综合征（经典猪蓝耳病）、猪乙型脑炎、猪细小病毒病、猪丹毒、猪肺疫、猪链球菌病、猪传染性萎缩性鼻炎、猪支原体肺炎、旋毛虫病、猪囊尾蚴病、猪圆环病毒病、副猪嗜血杆菌病；

马病（5 种）：马传染性贫血、马流行性淋巴管炎、马鼻疽、马巴贝斯虫病、伊氏锥虫病；

禽病（18 种）：鸡传染性喉气管炎、鸡传染性支气管炎、传染性法氏囊病、马立克氏病、产蛋下降综合征、禽白血病、禽痘、鸭瘟、鸭病毒性肝炎、鸭浆膜炎、小鹅瘟、禽霍乱、鸡白痢、禽伤寒、鸡败血支原体感染、鸡球虫病、低致病性禽流感、禽网状内皮组织增殖症；

兔病（4 种）：兔病毒性出血病、兔黏液瘤病、野兔热、兔球虫病；

蜜蜂病（2 种）：美洲幼虫腐臭病、欧洲幼虫腐臭病；

鱼类病（11 种）：草鱼出血病、传染性脾肾坏死病、锦鲤疱疹病毒病、刺激隐核虫病、淡水鱼细菌性败血症、病毒性神经坏死病、流行性造血器官坏死病、斑点叉尾鮰病毒病、传染性造血器官坏死病、病毒性出血性败血症、流行性溃疡综合征；

甲壳类病（6 种）：桃拉综合征、黄头病、罗氏沼虾白尾病、对虾杆状病毒病、传染性皮下和造血器官坏死病、传染性肌肉坏死病。

3.2.1.3　三类动物疫病（63 种）

三类动物疫病是指常见多发、可能造成重大经济损失，需要控制和净化的疫病。包括：

多种动物共患病（8 种）：大肠杆菌病、李氏杆菌病、类鼻疽、放线菌病、肝片吸虫病、丝虫病、附红细胞体病、Q 热；

牛病（5 种）：牛流行热、牛病毒性腹泻/黏膜病、牛生殖器弯曲杆菌病、毛滴虫病、牛皮蝇蛆病；

绵羊和山羊病（6 种）：肺腺瘤病、传染性脓疱、羊肠毒血症、干酪性淋巴结炎、绵羊疥癣、绵羊地方性流产；

马病（5 种）：马流行性感冒、马腺疫、马鼻腔肺炎、溃疡性淋巴管炎、马媾疫；

猪病（4 种）：猪传染性胃肠炎、猪流行性感冒、猪副伤寒、猪密螺旋体痢疾；

禽病（4 种）：鸡病毒性关节炎、禽传染性脑脊髓炎、传染性鼻炎、禽结核病；

蚕、蜂病（7 种）：蚕型多角体病、蚕白僵病、蜂螨病、瓦螨病、亮热厉螨病、蜜蜂孢子虫病、白垩病；

犬猫等动物病（7 种）：水貂阿留申病、水貂病毒性肠炎、犬瘟热、犬细小病毒病、犬传染性肝炎、猫泛白细胞减少症、利什曼病；

鱼类病（7种）：鲴类肠败血症、迟缓爱德华氏菌病、小瓜虫病、黏孢子虫病、三代虫病、指环虫病、链球菌病；

甲壳类病（2种）：河蟹颤抖病、斑节对虾杆状病毒病；

贝类病（6种）：鲍脓疱病、鲍立克次体病、鲍病毒性死亡病、包纳米虫病、折光马尔太虫病、奥尔森派琴虫病；

两栖与爬行类病（2种）：鳖腮腺炎病、蛙脑膜炎败血金黄杆菌病。

3.2.2 防治方针和原则

重大动物疫病防治应实行"预防为主，防重于治"的方针和"加强领导、密切配合、依靠科学、依法防治、群防群控、果断处置"的防控原则。对于规模养殖场、交通沿线、城乡接合部和新老疫区等重点区域和高致病性禽流感、口蹄疫、高致病性猪蓝耳病、猪瘟、鸡新城疫等重大疫病，做到应免尽免，不留空档。

3.2.3 防控措施

3.2.3.1 综合性防控措施

（1）疫病预防　主要是指对动物采取免疫接种、驱虫、药浴、疫病监测和对动物饲养场所采取消毒、生物安全控制、动物疫病的区域化管理和防疫承诺制等一系列综合性措施，防止动物疫病的发生。

（2）疫病控制　包含两方面内容：一是发生动物疫病时，采取隔离、扑杀、消毒等措施，防止其扩散，做到有疫不流行；二是对已经存在的动物疫病，采取监测、淘汰等措施，逐步净化直至达到消灭动物疫病。

（3）疫病消灭　一般是指发生重大动物疫情时采取的措施，即指发生对人畜危害严重，可能造成重大经济损失的动物疫病时，需要采取紧急、严厉、综合的"封锁、隔离、销毁、消毒和无害化处理等"强制措施，迅速扑灭疫情。对动物疫病的扑灭应当采取"早、快、严、小"的原则。病死畜禽要严格落实"四不一处理"规定（即不宰杀、不销售、不食用、不转运、对尸体进行无害化处理）。

任何单位和个人发现动物染疫或者疑似染疫的，应当立即向所在地农业农村主管部门或者动物疫病预防控制机构报告，并迅速采取隔离等控制措施，防止动物疫情扩散。

3.2.3.2 平时的预防措施

（1）加强饲养管理，增强家畜机体的抗病能力　保持圈舍清洁卫生、通风透气、冬暖夏凉；不同畜种要分圈饲养，饲养密度要适宜；不喂冰冻或发霉变质饲料，不饮污水。

（2）坚持"自繁自养"原则，减少疫病传播　自繁自养可有效防止疫情发生，这是多年来从实践中总结出来的行之有效的方法。必须外购时，应坚持从非疫区，经过免疫接种且在有效期内，经过检疫并有检疫证明的动物方可购买引进。凡新购进的牛、猪应隔离观察 15 天、羊 21 天，确认健康后方可混群。

（3）采用"全进全出"的养殖模式　这种"全进全出"的生产方式可以减少动物疫病交叉感染的机会。

（4）建立定期消毒制度　定期对圈舍、用具和运动场等进行预防性消毒，消灭传染源的蓄积和扩散。例如用 3%来苏儿或 20%鲜石灰、2%草木灰、强力消毒剂等常用消毒药品，一般于春秋两季各彻底消毒一次。当某种传染病发生时，为杀灭病原菌须进行突击性消毒，如用氢氧化钠等做扑灭性消毒。

（5）做好定期免疫注射和补针计划　规模养殖场（户）按免疫程序进行免疫，散养家畜在春、秋两季实施集中免疫，对新补栏的畜禽、漏免畜禽要及时补针，使畜禽常年得到有效免疫抗体保护。

（6）疫苗过敏反应的治疗　过敏反应一般发生在注苗后数分钟至 20 分钟之间。一般反应包括局部肿胀、体温升高、减食或停食 1～2 天等。严重反应包括呼吸加快、可视黏膜充血、水肿，肌肉震颤，牛羊瘤胃臌气，口角出现白沫，鼻腔出血，母畜流产等。应根据不良反应注射相关药品。

（7）重视驱虫工作　规模养殖场（户）要在每年的春、秋两季定期进行预防驱虫。

3.2.4　动物疫病监测与流行病学调查计划

2012 年 5 月 2 日，《国家中长期动物疫病防治规划（2012—2020 年）》经国务院常务会议审议通过，由国务院办公厅（国办发〔2012〕31 号）发布实施。这是新中国成立以来，第一个指导全国动物疫病防治工作的综合性规划，是我国动物疫病防治发展史上的重要里程碑，标志着动物疫病防治工作进入了规划引领、科学防治的新阶段。

为贯彻落实《国家中长期动物疫病防治规划（2012—2020 年）》，按照相关病种防治和消灭计划，结合国家畜牧兽医工作要点要求，国家组织开展非洲猪瘟、口蹄疫、高致病性禽流感等优先防治病种，以及牛海绵状脑病等外来动物疫病的监测和流行病学调查工作。重点做好非洲猪瘟和"3＋2"病种（口蹄疫、高致病性禽流感、布鲁氏菌病、马鼻疽、马传染性贫血）监测和流行病学调查工作。牛海绵状脑病监测方案按照《国家牛海绵状脑病风险防范指导意见》要求实施。涉及的其他动物疫病病种，应按照国家动物疫病防治指导意见做好监测和流行病学调查工作。

要认真组织开展动物疫病监测和流行病学调查工作，掌握非洲猪瘟、口蹄疫、高致病性禽流感等动物疫病分布状况和流行态势，做好马传染性贫血和马鼻疽监测工作。国家设立固定监测点，开展主要动物疫病定点监测和种畜禽场主要疫病监测工作。加强动物疫情风险分析评估，做好新发病和外来动物疫病的监测预警和应急处置工作，科学研判防控形势。结合动物疫病区域化管理，持续开展疫病净化场、无规定动物疫病小区和无规定动物疫病区主要疫病监测。

动物疫病监测与流行病学调查具体要做到以下四点。

（1）主动监测与被动监测相结合　要根据本辖区动物疫病流行特点、防控现状和畜牧业生产情况，科学制定监测实施方案，进一步加强被动监测，强化临床巡查和疫病报告，逐步探索将动物诊疗单位和养殖企业执业兽医诊断报告信息纳入国家动物疫病监测体系。继续做好主动监测，全面获取监测数据。根据区域动物疫病流行特点，提高数据采集、分析和报告的科学性、系统性和指导性。

（2）监测与流行病学调查相结合　各地在开展监测工作的同时，要对监测发现的疫病变化情况，开展针对性的流行病学调查，分析评估疫病的发生发展趋势。一旦出现下列情形，要及时开展紧急调查监测工作：一是确诊发生非洲猪瘟、口蹄疫、高致病性禽流感等重大动物疫病、新发疫病或牛肺疫等已经消灭的疫病；二是猪瘟等动物疫病流行特征出现明显变化；三是部分地区（场户）较短时间出现大量动物发病或不明原因死亡，且蔓延较快。

（3）病原监测与抗体监测相结合　国家和省级监测以病原学监测为主，各省（自治区、直辖市）根据实际情况安排地市和县级动物疫病预防控制机构开展病原学监测，同时做好重大动物疫病免疫抗体监测。国家动物疫情监测与防治项目经费重点用于开展非洲猪瘟、口蹄疫（A 型、O 型）、高致病性禽流感（H5 亚型、H7 亚型）的病原学监测与流行病学调查、布鲁氏菌病的血清学监测、马鼻疽和马传染性贫血监测、棘球蚴病监测和小反刍兽疫的监测与流行病学调查。

（4）疫病监测与净化评估相结合　加大对种畜禽场和乳用动物养殖场疫病监测力度，推动种畜禽场和规模养殖企业主动开展主要动物疫病监测、净化工作，对相关养殖企业开展净化效果评估。省级动物疫病预防控制机构要加强本省动物疫病净化效果的监督评估，加强技术指导和服务。

4 流行病学调查

4.1 流行病学调查概述

4.1.1 概念

流行病学调查是获取数据、了解疫病流行现状、查找分析病因的重要方法。主要用于研究动物疫病、健康和卫生事件的分布及其决定因素。通过这些研究提出合理的预防保健对策和健康服务措施，并评价这些对策和措施的效果。

流行病学调查是根据《中华人民共和国传染病防治法》和《突发公共卫生事件应急条例》等依法依规开展的一项重要工作。

4.1.2 目的

流行病学调查的目的是提出合乎逻辑的病因结论或病因假设的线索，并在此基础上提出疫病防控策略和措施建议。为了病例或跟病例密切接触群体的健康，弄清楚暴露情况、接触情况、活动轨迹与就医情况等。寻找与传染源、传播途径有关的蛛丝马迹，理清传播链，为判定密切接触者、采取隔离措施以及划定消毒范围提供依据。

4.2 个案调查

4.2.1 概念

个案调查，又称个例调查或个例疫源地调查，是对个别的动物病例及其动物群体、周围环境所进行的流行病学调查。病例包括传染性疫病、非传染性疫病及病因未明疫病的病例等。个案调查是流行病学调查获取资料最常用的方法。对于传染病，个案调查不仅是收集资料，而且也是采取有效防治措施的依据。对于重要的传染病或要求消灭的传染病，个案调查显得尤为重要。对于非传染性疫病或未明原因动物疫病，个案调查是收集资料，调查分析该病流行规律的重要手段。

4.2.2 个案调查的目的

个案调查的目的是查明感染畜禽疫病发生原因及疫源地现况，采取相应措施，以预防感染面扩大和控制疫情蔓延。

通过经常性的动物疫病个案调查，可了解该病的时间、空间和群间分布特征，流行趋势的及其变化，疫病与环境的关系等。一般数据的积累可结合动物种群资料，提供地区兽医流行病学分析。

核实诊断并进行动物疫病的救治指导。

掌握当地动物疫病情况，为动物疫病监测提供翔实资料。

4.2.3 个案调查的方法与步骤

动物疫病个案调查方法包括核实诊断、现场调查，以及个案调查资料分析与结论。

4.2.3.1 核实诊断

对感染动物原有的诊断进行核实。在多数情况下，传染病报告的诊断是正确的，但由于在病程早期，典型临床症状尚未出现，或者由于有些疫病的临床表现易于混淆而出现误诊。调查者到达现场后，首先应检查感染动物，根据动物疫病临床表现、实验室检查并结合流行病学资料进行全面分析，然后做出明确诊断。尤其是对一类动物疫病的核实工作应认真迅速。

4.2.3.2 现场调查

（1）追查动物疫病传染源和传播途径 首先了解畜禽感染、发病的日期，根据潜伏期以判断畜禽受到感染的日期，即从畜禽发病日期往前推算，在最短潜伏期与最长潜伏期之间的这一段时期。然后查明畜禽在这段时期内的活动情况，以推测可能的传染源与传播途径等。例如，口蹄疫潜伏期为1～7天，则从动物发病日期往前推1～7天是受到感染的时点。动物在这段时间所接触的传染期的口蹄疫患畜，可能是它的传染源。有些传染病病原携带者或隐性感染者所占比例很大，追查传染源往往得不到结果。必要时，做血清学或病原学检测才有可能追溯到传染源。倘若通过污染的水、食物或其他因素传播时，感染动物与传染源可能没有明显联系，也不易查清传染源。追查传染源的目的，在于搜索未曾被发现的疫源地，以便采取适当的防疫措施，控制传染病的蔓延，调查可能的传播途径。对有些传播途径较单一的传染病可无需专门调查，但对有些传播途径较复杂的传染病，则应了解具体的传播因素，以便采取相应防疫措施。

（2）确定受感染的范围 查明从疫源地向外传播的条件，畜禽在传染期内活动的范围，记录其接触动物。对接触动物进行观察或留检，有利于早期发现感染畜禽，及时进行治疗，防止疫病蔓延。对接触动物的观察应从接触动物与感染动物末次接触时算起，至该病最长潜伏期为止。根据传染病病种及感染动物的具体情况，决定是否需要进行消毒及消毒的范围。

（3）标本的采集与送检　实验室检查是进行感染动物诊断、追查传染源与传播途径的重要手段。为保证检验结果的准确性，应注意现场采集标本的技术、标本的保存与运送条件等。

（4）制订个案流行病学调查表　动物疫病流行病学调查表基本项目包括：①感染动物资料（种、性别、年龄、养殖地等）；②临床资料（发病日期、就诊日期、初步诊断、确定诊断、主要症状与体征、检验结果等）；③流行病学资料（既往史、接种史、接触史、可能受感染日期、地点、方式、可能的传染源及传播途径、接触者登记接触日期等）；④实验室资料（标本名称、来源、采集时间、保存与运送方式、检验结果、送检日期、检验日期等）；⑤防治措施（已采取的措施及效果）；⑥调查小结。

4.2.3.3　个案调查资料分析与结论

对个案调查资料进行分析，找出感染动物发病原因与可能传播的条件，制订防治措施，并付诸实施，最后写出调查报告与小结。

4.3　暴发调查

4.3.1　概念

动物疫病暴发时实施的调查叫暴发调查。暴发是指在局限的区域范围和短时间内突然出现感染动物的现象。暴发不一定指出现大量感染动物，有些重大动物疫病、外来病等，即便出现 1 个病例也称之为暴发。传染病的暴发有集中、同时暴发，也有连续、蔓延暴发。对于动物暴发动物疫病所做的调查，就称为暴发调查。从方法学来讲流行病学暴发调查是研究动物疫病流行过程常用的基本方法之一。暴发调查是地区流行病学分析的基础，同时也为研究流行过程提供了基础资料。

4.3.2　暴发调查的目的

（1）核实疫情报告，确定暴发原因　证实疫情报告和诊断，确定畜群中第一个感染动物与不同畜群间可能发生的联系。对已知病因的疫病，暴发调查用于确定具体暴发原因，查明病因来源；对未知病因的暴发调查，则用以探求病因线索，指出研究方向。

（2）溯源，确定暴发流行的性质、范围、强度　暴发调查要对传染源进行详细的追溯，如在原饲养场发现感染动物或者发现病原，寻找接近感染动物的野生动物及其生活环境等。追溯调查也可以为暴发调查提供病因佐证。调查疫病的三间分布、传播方式、传播途径、传播范围及流行因素，确定暴发流行的性质、范围、强度。

（3）确定受害范围和受害程度，进行防控需求评估　掌握动物疫病暴发事件的实际危害和可能的继发性危害，提出控制该暴发事件所需设备、药品及技术人员的具体需求。

（4）提出防控措施建议　暴发调查以便及时采取针对性措施，迅速扑灭疫情。

（5）积累疫情数据，防止相同或类似事件的发生　通过完整的暴发调查，可以为动物疫病诊断、流行病学特征、临床特征及处置提供数据资料，便于总结疫病流行规律，建立长效机制，防止相同或类似事件发生。

4.3.3　暴发调查的任务

（1）接到报告后迅速赶赴现场，对疫病暴发的全面情况进行调查，提出初步假设，并采取可行措施。

（2）据初步假设实施进一步调查，查明具体因素条件，得出初步结论，检验初步假设是否正确。

（3）根据调查结果采取相应的措施，观察暴发发展情况，进一步验证结论是否正确。

（4）总结经验教训，防止类似事件发生。

4.3.4　暴发调查的内容

动物疫病暴发调查内容包括确定问题、核实诊断；评价现有的资料，全面考察疫情，计算各种袭击率（罹患率）；可能的传播方式，特殊情况，形成假设并检验假设，采取控制暴发与流行的综合措施及总结报告等。

4.3.4.1　确定问题，核实诊断

确定流行或暴发是否存在是首要问题。为此目的，早期发现致病源是最重要的一步。这不仅是为了识别暴发或流行的疫病，而且还可能明确传播机制和控制手段。为了诊断病例，首先要有疫病病例的定义，以便识别和报告病例。当对传播的来源、方式或病原体了解更多以后，有时有必要修改病例的诊断标准。

4.3.4.2 评价现有的资料，全面考察疫情，计算各种袭击率（罹患率）

应尽可能早地确定疫病暴发的流行病学特征，包括不同动物群体、发病的时间和地点、临床特点及环境的评价。具体步骤如下：

（1）确定范围。

（2）尽量通过实验室检测确定病因学诊断。

（3）识别所有暴露的动物种群。

（4）识别主要临床和流行病学特征，包括发病的年龄、性别、品种，发生日期，以及可能影响发病的因素。

（5）获取水、食物、空气等可能与病原传播来源有关的环境样本数据。

（6）获取有暴露危险的畜群的地理位置、饲养方式、畜群大小等资料。

（7）组织调查队伍，包括流行病学家、兽医、实验室工作人员以及其他卫生人员。

（8）与当地行政部门联系以获得支持。

4.3.4.3 可能的传播方式

当暴露于一个共同来源（如空气、水、食品、受感染的畜群、寄生虫等）的某些畜群袭击率比其他畜群袭击率高得多时，或能找到有关的致病源时，则可能查明疫病传播方式。

4.3.4.4 形成假设并检验假设

流行病学工作者将可利用的资料集合起来后，对暴发的来源和传播方式提出假设，就像临床医生检查病人后做出临床诊断一样。然后，对假设是否正确进行检验，包括进一步分析，实验室检查，或者针对可疑来源或可疑传播方式的某种控制措施的效果评价。应当能证明：①所有感染动物、实验室资料和流行病学证据与初步假设是一致的。②没有其他假设与该资料相符。③暴露程度越大（或假设的致病原的剂量越高），疫病的发生率越高。

4.3.4.5 采取控制暴发与流行的综合措施

暴发调查中应边调查、边分析、边采取控制暴发与流行的综合措施，以免延误时机。

4.3.4.6 总结报告

总结报告包括暴发的经过、调查过程与主要表现、采取的措施与效果、经验教训与结论等。尽量用数字、表格、统计图来说明。报告既可供行政管理部门决策时参考，还可能有医疗和法律上的用途。

由以上所述，可见暴发调查中大量的工作属于描述性研究。但是在进一步调查分析中，常需对可疑的暴发原因进行假设检验，这必须通过病例对照研究和队列研究技术来完成。将感染的与未感染的两组动物暴露于某可疑致病因子的比例进行比较，看是否有显著差异；或者比较有暴露史与无暴露史的两组罹患率有无统计学意义的差别，从而使判断暴发的原因更可靠更有说服力。近些年来，暴发调查时，病例对照研究方法应用越来越普遍。

4.3.5 暴发调查的步骤

进行暴发调查时，应在到达现场后，初步了解情况，然后立刻进行调查。暴发调查的步骤一般可按证实暴发存在、核实诊断、发现全部感染动物、核实病例并收集有关资料、暴发调查分析、提出防控措施并评价其效果、调查总结等进行。

4.3.5.1 证实暴发存在

确认疫病暴发是否存在，可根据暴发的定义来判断。一般认为动物疫病的暴发在时间和空间上都比较集中，病例数如超过历年同一时期水平，则应确定暴发存在。暴发时间的确定如上文所述，将发病高峰期减一个潜伏期即可。

4.3.5.2 核实诊断

在同一次暴发的病例，临床表现大同小异，所以可根据部分感染动物的主要临床表现（症状、体征）、实验室结果，迅速地进行综合诊断。可用实验室的方法确诊一部分患畜，其他牲畜可用临床诊断的方法，特别要注意该病表现出来的流行病学特点，要根据流行病学推断临床症状。

4.3.5.3 发现全部感染动物

在一个养殖场或地区内，凡发现感染动物的地方都要现场调查，根据感染动物的分布范围进行普查。

4.3.5.4 核实病例并收集有关资料

在暴发调查中，资料收集是必不可少的，资料是否齐全，为后续的工作提供了研究基础。在暴发调查中，需要收集以下相关资料。

（1）现实情况　疫病暴发的日期，暴发开始与发展情况，该地区的畜群现状，如易感动物数量、饲养方式、防疫条件、饲料、饮水、动物流动和周边地理环境等。

（2）疫病史　了解疫病暴发前，有无类似的动物疫病、动物预防接种情况，以及过去一般发病情况。

（3）了解疫病可能的传播途径　如果为肠道传染病，途径为水和食物等。

4.3.5.5 暴发调查分析

暴发调查分析指对所有的资料进行综合，分析和探索引起疫病暴发的原因，主要分析三间分布特点，推断疫病传播方式即判断暴发同源性。

（1）分析三间分布特点

①时间分布特点　根据时间顺序，对动物疫病发生、接触暴露因素、采取

措施、评估控制效果等主要事件进行排序，并根据其发病时间制作流行病学曲线，显示疫病流行强度，从而推断出潜伏期、传播方式、传播周期、预测可能的发病趋势，并评估所采取的措施效果。

②空间分布特点 采用标点地图等可显示感染动物的地区分布特征，可提示暴发的地区范围，有助于建立有关暴露因素、暴露地点的假设。

③群间分布特点 通过对感染动物的年龄、性别、饲养方式、用途、发病群免疫情况、管理水平等的分析，可以知道发病动物的多少。群间分布特点有助于提出有关风险因素、传染源、传播方式的假设。

（2）推断传播方式 暴发一般分为同源暴发、非同源暴发与混合暴发三种。在暴发调查分析中，疫病传播方式的分析判断对于查明传染源和引起暴发的原因，以及有效的防治都很重要。

①同源暴发 同源暴发指共同传播因子引起的暴发，如病原体经食物、水、空气、注射而传播造成的暴发或流行。同源暴发又分为单次暴露和多次暴露。单次暴露指病例是同时暴露于某传播因子而发生的，流行曲线是有一个高峰的，在暴露停止或污染来源消除以后再经过一个最长潜伏期，病例即不再出现。多次暴露指病例不是同时，而是分次受感染的（也就是共同媒介受污染不止一次）。每批病例在流行曲线上都有一个高峰，暴发时间超过两个潜伏期的全距。

②非同源暴发 非同源暴发指病原体在外部环境中不断转移宿主所致。其传播是连续的，病原体在受感染的动物与易感动物之间通过直接或间接接触而传播。这种类型的暴发，在潜伏期长的病，病例缓慢增长，整个过程持续时间长，下降缓慢，潜伏期短的易传播的病，病例增长迅速，但持续时间长于一个潜伏期，结合地区分布，呈辐射状，以同一点向外蔓延，这是与同源性暴发不同的。非同源暴发时流行曲线可单峰（峰宽），也可以多峰，病例在单位内分布不均匀。

③混合暴发 即同源与非同源暴发均存在，往往在同源暴发后会发生非同源暴发。

4.3.5.6 提出防控措施并评价其效果

根据分析结果，调查者还应该提出合理的防控措施建议，以保证未感染动物的安全，防止病例继续出现，如对传染源采取扑杀、隔离、治疗等措施。对接触动物进行登记，密切观察，对污染的环境进行消毒等。

评价措施效果时，注意采取措施时已处于潜伏期的动物不会受到措施的影响，所以判断措施有无效果的标准是从采取措施之日起经过一个最长潜伏期后，是否有病例出现。

有时在发病高峰后才采取措施，很难评价其效果，采取措施后，新病例减少或不出现新病例，可能暴露者大部分已发病，也可能易感者已减少到一定程度，暴发自己终止。

4.3.5.7　调查总结

暴发调查结束后，根据全部调查材料对暴发的原因、促成因素、经验教训等进行归纳、总结，并写成书面的报告，形成流行病学调查报告、业务总结报告、行政汇报材料、学术论文、新闻稿件等，并及时与相关人员进行沟通，以求达到调查的最大效用，这才是实施暴发调查的最终目的。

4.4　抽样调查

抽样调查是指从研究对象的总体中抽取一部分作为样本进行调查，并用调查结果来推断总体情况的一种调查方法。抽样调查主要适用于难以进行全面调查而又必须推算总体特征的情况。与全面调查相比，抽样调查具有节省人力、物力、时间及经费等优点，因此在流行病学调查中被广泛应用。

抽样方法，包括随机抽样和非随机抽样两类。不同的抽样方法具有各自的特点，适用于不同的调查研究。在兽医流行病学调查研究中选择一种科学、合适的抽样方法是实现抽样目的的重要环节，并在某种程度上决定了调查的科学性和严谨性。抽样方法的选择，一般需要考虑研究目的、总体特征、成本（人力、物力和财力）和时间限制等因素。

4.4.1　非随机抽样

非随机抽样，又称非概率抽样，是指不按随机原则抽取样本，样本单元被抽取的概率是未知的一种抽样方法。非随机抽样的准确性低、代表性差，在分析性流行病学调查中一般不被采用，但在描述性研究中，由于该方法具有方便性的特点而经常被使用。根据非随机性抽样所得的结果只具有参考价值，不能代表实际情况。非随机抽样主要包括便利抽样、判断抽样、配额抽样、雪球抽样和自愿抽样等。

4.4.1.1　便利抽样

便利抽样，又称随意抽样、偶遇抽样，是一种为配合研究主题而由调查者于特定的时间和地点，随意选择回答者的非概率抽样方法。在调查过程中由调查员依据方便的原则，自行确定抽样单元。

例如：调查员在街头、公园、商店、食堂、图书馆等场所选择人员进行拦截调查就是方便抽样；为调查养猪场流行性腹泻发病情况，调查人员沿着公路行驶，碰到路边的养猪场、养殖户，调查者就下车调查，是一种较为典型的便利调查；对牛羊布鲁氏菌病进行抽样检测时，调查人员会选取最近的、最容易抓到的牛和羊进行采样；在屠宰场进行采样时，随便遇到一批或几批生猪即进行采样；在进行养殖场疫病调查采样时，选取场主配合工作的或者交通方便的场。

这种方法认为被调查总体的每个单位的特征都是相同的，因此无论将哪个单位选为样本进行调查，其调查结果都是一样的，而事实上并非所有调查总体中的每一个单位都是一样的。只有在调查总体中各个单位的特征大致相同的情况下，才适宜应用便利抽样法。

便利抽样的优点是抽样方便，节约时间和经费，但该方法最大的局限性是样本信息无法说明总体状况，缺点是由于调查人员往往选择离自己最近的或最容易接近的对象进行调查，所以会影响抽样的准确度，因而代表性也较差。

4.4.1.2 判断抽样

判断抽样又称典型抽样，是指调查人员根据主观经验和现有条件等从总体样本中选择那些被判断为最能代表总体的单位作为样本的抽样方法。在进行抽样调查过程中，由行政领导、专家和其他人员根据"情况"来决定抽样的对象和数量。

例如：要了解全国钢铁企业的生产状况，没有选择每个钢铁企业都派人调查，而选择宝钢、鞍钢之类的重点企业调查，这就是判断抽样；社会学家研究某国家的一般家庭情况时，常以专家判断方法挑选"中型城镇"进行调查；家庭研究专家选取三口之家（子女正在上学的家庭）进行研究，属于判断调查；动物疫病防控人员为初步判断是否有疫情出现，选取几个疫病多发的养殖场（户）进行调查，属于判断抽样；要对全国的活禽市场卫生状况进行调查，有关部门选择活禽交易量较大的 A、B、C 3 个省作为调查对象；为了解广东省狂犬病高发地区学龄期儿童狂犬病暴露现状和相关危险因素，选择广东省狂犬病高发的某市 1 所地市级小学、1 所县级小学、2 所乡镇中心小学和 2 所村级小学进行问卷调查，也属于判断抽样。

判断抽样法具有简便易行、在一定程度上符合调查目的和特殊需要、可以充分利用调查样本的已知资料、被调查者配合较好、资料回收率高等优点。特别是当做决定的人员对研究总体的情况比较了解时，采用这种抽样方法可获得代表性较高的样本。但判断抽样极易受到研究人员倾向性的影响，存在较大的主观性，调查的结果与决策人员对情况的了解程度以及经验、知识等相关性非常大。一旦出现主观判断不准确，则容易引起抽样偏差。在兽医监测工作中，便利抽样的情况经常发生，比如对某县进行禽流感免疫效果评价时，经常选择种鸡场、蛋鸡场之类的饲养条件和防疫条件较好的养殖场，其检测结果往往不能代表全县的整体情况。

4.4.1.3 配额抽样

配额抽样，又称"定额抽样"，是指调查人员将调查总体样本按一定标志分类或分层，确定各类（层）单位的样本数额，在配额内任意抽选样本的抽样方式。调查人员按总体特征配置样本份额，再由采样人员随意抽取样本。配额抽样是最常用的非随机抽样方法，调查人员有极大的自由度去选择样本，只要完成配额数量即可，因此常因调查的偏好及方便性而降低准确性。配额抽样和分层随机抽样都是事先对总体中所有单位按其属性、特征分类，这些属性我们称为"控制特性"，然后，按各个控制特性分配样本数额。但它与分层抽样又有区别，分层抽样是按随机原则在层内抽选样本，而配额抽样则是由调查人员在配额内主观判断选定样本。

例如：市场调查中按消费者的性别、年龄、收入、职业、文化程度等进行分类，然后在分好的类中按配额主观选定样本；希望调查 1 000 名受访者在性别上的分布与总人口一致，可以预先设置好男性和女性两组人群所分别需要达到的样本数（分别为 510 人和 490 人），然后按照这个数量进行数据收集，当任何一组人群达到了预设的数量，对该组人群的数据收集工作就完成了，这就是配额调查；在进行某市猪病的流行病学调查方案设计时，采取在养殖量大的县选 5～7 个中大规模猪场、养殖量小的县选 2～3 个中大规模猪场的抽样方式。

配额抽样适用于设计调查者对总体的有关特征具有一定的了解而样本数较多的情况。配额抽样属于先"分层"（事先确定每层的样本量）再"判断"（在每层中以判断抽样的方法选取抽样个体），费用不高，易实施，能满足总体比例的要求。但在配额抽样中，样本的选择性偏差依然存在，在那些未控制配额的变量上，极有可能出现分布的失衡。如美国 1948 年总统选举的民意调查采用了配额调查，当时最有影响力的三家民调机构，Gallup、Roper 和 Crossley，一致错误地预测了选举的结果，而其中很重要的一个原因就是，三家机构所采用的配额抽样方法导致受访样本中经济状况优良的人群过多（没有预先在收入状况上设置配额，导致人群分布的失控）。配额抽样只能在表面上实现了对总体的代表性，配额抽样的结果用于推断总体特征时经常会出现偏差。

4.4.1.4 雪球抽样

雪球抽样是以"滚雪球"的方式抽取样本，以若干个具有所需特征的人为最初的调查对象，然后依靠他们提供认识的合格的调查对象，再由这些人提供第三批调查对象，以此类推，样本如同滚雪球般由小变大。滚雪球抽样多用于总体单位的信息不足或观察性研究的情况。

　　例如：某研究部门在调查某市劳务市场中的保姆问题时，先访问了 7 名保姆，然后请她们再提供其他保姆名单，逐步扩大到近百人，通过对这些保姆的调查，对保姆的来源地、从事工作的性质、经济收入等状况有了较全面的掌握；在兽医流行病学调查中，市场链的调查经常采用滚雪球抽样方法，如要调查某县肉鸡市场链，可首先选择本县部分肉鸡养殖户，然后对由他们所提供的活禽经纪人进行调查，再由这些人提供第三批调查对象，如批发市场或农贸市场摊主，以此类推，样本如同滚雪球般由小变大。

　　雪球抽样便于有针对性地找到被调查者，可以根据某些样本特征对样本进行控制，适用于寻找一些在总体中十分稀少的人物，进而大大减少调查费用。但如果总体不大，有时用不了几次就会接近饱和状况，即后来访问的人再介绍的都是已经访问过的人。但是很可能最后仍有许多个体无法找到，还有些个体因某些原因被提供者故意漏掉不提，这两种情况都可能造成偏倚，不能保证代表性。

4.4.1.5　自愿抽样

　　自愿抽样是指被调查者自愿参加，成为样本中的一分子，向调查人员提供有关信息。自愿样本不是经过抽取，而是由自愿接受调查的个体所组成的样本。研究人员并没有通过直接联系的方式与参与者联系，并选择参与者，而是让总体中的个体自己主动选择成为样本。

　　例如：参与报刊上刊登的问卷调查活动，向某类节目拨打热线电话等，都属于自愿抽样；在有些饭店或酒店房间有调查表，就餐者或住宿者可以自愿填答；大部分网络调查属于自愿抽样，调查人员将调查问卷发布在网页上，上网读者可以自愿参与，这也是自愿抽样调查。

　　自愿抽样问卷发放成本低，可以收集到非常大的样本量；但在自愿抽样调查中，往往只有关注相关调查的人才会参与到调查中，因此最终的调查结果存在一定的偏倚。

4.4.2　随机抽样

　　随机抽样又称概率抽样，是根据随机的原则，运用恰当的抽样方法，从抽样总体中抽选调查单元的方法。随机抽样得到的样本具有代表性，具有省时、省力的优点，但抽样调查的设计相对复杂。随机抽样主要包括简单随机抽样、系统抽样、分层抽样、整群抽样、多阶段抽样、PPS 抽样、以风险为基础的抽样等。

4.4.2.1　简单随机抽样

　　简单随机抽样也称为单纯随机抽样、纯随机抽样，是指从总体 N 个单位中任意抽取 n 个单位作为样本，使每个可能的样本被抽中的概率相等的一种抽样方式。常用的方法是先对总体中全部观察单位编号，然后用抽签、随机数字表或计算机产生随机数字等方法从中抽取一部分观察单位组成样本。

例如：从货架商品中随机抽取若干商品进行检验；从农贸市场摊位中随意选择若干摊位进行调查或访问等；了解安徽省中等规模种猪场猪伪狂犬病病毒的感染情况，在前期调查获得全省中等规模种猪场抽样框并进行编号，再通过在线随机数字发生器获得猪场编号，然后对选中的猪场进行了采样检测。

与其他抽样技术相比，简单随机抽样是最简单的抽样技术，比较容易理解和掌握；抽样框不需要其他辅助信息就能进行抽样，唯一需要的只是一个关于调查总体所有单元的一个完全的清单和与其如何联系的信息。由于简单随机抽样已建立了很好的理论，关于样本量的确定、总体估计与方差估计都有标准的现成公式可以利用，因此技术发展已经成熟。但只适用于总体单位数量有限的情况，否则编号工作繁重；对于复杂的总体，样本的代表性难以保证；不能利用总体的已知信息等。在市场调研范围有限，或调查对象情况不明、难以分类，或总体单位之间特性差异程度小时，采用此法效果较好。

4.4.2.2 系统抽样

系统抽样又称为等距抽样或机械抽样，是依据一定的抽样距离，从总体中抽取样本。要从容量为 N 的总体中抽取容量为 n 的样本，可将总体分成均衡的若干部分，然后按照预先规定的规则，从每一部分抽取一个个体，得到所需样本的抽样方法。等距抽样的基本做法是将总体中的各单元先按一定的顺序排列编号，然后决定一个间隔，并在此间隔基础上选择被调查的单位个体。样本距离可通过总体单位数和样本单位数来确定，并且可以随意或随机选择数据的起点。

系统抽样的具体步骤如下：

（1）编号 先将总体的 N 个个体编号，有时可直接利用自身个体所带的号码，如学号、门牌号等。

（2）分段 确定分段间隔 k，对编号进行分段，当 N/n（n 是样本容量）是整数时，取 $k=N/n$。

（3）确定第一个个体编号 在第一段用简单随机抽样确定第一个个体编号 1（$1 \leqslant k$）。

（4）获得样本 按照一定的规则抽取样本，通常是将 1 加上间隔 k 得到第二个个体编号（$1+k$），再加上 k 得到第三个个体编号（$1+2k$），依次进行下去，直到获取整个样本。

系统抽样方法简便易行，不需要目标总体过多的信息。系统随机抽样方法比简单随机抽样更为简单、花费的时间和费用更少。值得注意的是，当需要研究的总体的特征按顺序有周期趋势或递增（递减）趋势时，系统抽样将产生明显的偏性，由此所获得的样本的代表性较差。

等距抽样要防止周期性偏差，因为它会降低样本的代表性。例如，学生名单通常按班排列，30人一班，班长排第1名，若抽样距离也取30时，则样本将全由班长组成。

4.4.2.3　分层抽样

分层抽样，又称分类抽样或类型抽样，是指将总体划分为若干个同质层，再在各层内随机抽样或机械抽样的一种抽样方法。分层抽样的特点是将科学分组法与抽样法结合在一起，分组减小了各抽样层变异性的影响，抽样保证了所抽取的样本具有足够的代表性。

分层抽样将总体分成互不重复的若干层（如性别、年龄、种群、饲养方式等），然后在每个层内分别随机抽取抽样单元。分层随机抽样是科学分层与随机抽样的有机结合，特别适用于层间差异大、层内差异小的总体的抽样，在动物疫病状况和卫生状况调查中应用广泛。分层抽样应尽量利用事先掌握的信息，并充分考虑保持样本结构和总体结构的一致性，这对提高样本的代表性非常重要。

分层抽样在不增加样本规模的前提下降低抽样的误差，提高抽样的精度。另外，分层抽样便于了解总体内不同层次的情况，便于对总体不同的层次或类别进行单独研究。

分层抽样一般比简单随机抽样和系统随机抽样更为精确，能够通过对较少的样本进行调查，得到比较准确的结果，特别是当总体数目较大、内部结构复杂时，该方法常能取得令人满意的效果。另外，该法确保了每层的样本都具有代表性，可使样本在总体中的分布更加均匀，还可对各层进行参数估计。但该抽样方法的缺点是先要对目标群体进行前期的调查，以了解目标群体内的层的分布、各层所占比例等信息，然后才能对其进行科学的分层。当分层不科学或不恰当时，会影响抽样调查结果的准确性。

4.4.2.4　整群抽样

整群抽样也被称作聚类抽样，是指整群地抽选样本单位，对被抽选的各群进行全面调查的一种抽样组织方式。整群抽样适用于缺乏总体单位抽样框的情况。应用整群抽样时，要求各群有较好的代表性，即群内各单位的差异要大，群间差异要小。

例如：检验某种零件的质量时，不是逐个抽取零件，而是随机抽若干盒（每盒装有若干个零件），对所抽各盒零件进行全面检验。如果把总体划分为单位数目相等的 R 个群，用不重复抽样方法，从 R 群中抽取 r 群进行调查。

这种方法便于组织、实施，并节省人力、物力，多用于大规模调查。但当不同群之间的差异较大时，会导致产生较大的抽样误差。

4.4.2.5 多阶段抽样

多阶段抽样，是指把抽样过程分为不同阶段，先从总体中抽取一级抽样单元（如区、县），再从每个抽得的一级单元中抽取范围较小的二级抽样单元（如镇、街道），以此类推。当一级抽样单元内差异大于一级单位间差异时，要尽量少选一级抽样单元而多选二级抽样单位。在多阶段抽样中，各阶段可以采用不同的抽样方法，也可采用同一种抽样方法，同时，还可以根据各阶段单元分布情况的不同，安排不同的抽样比，要视具体情况和要求而定。该抽样方法在大型流行病学调查中常用。

例如：为掌握我国猪流行性腹泻在规模猪场（年出栏＞1 000 头）的流行情况、分析疫病发生的风险因素，于 2013 年底采用横断面研究方法进行调查。在抽样时采取三阶段随机抽样方法：第一阶段从全国所有省级行政区中随机抽取 5 个省份，分别为广西、河南、湖南、江西和四川；第二阶段对抽取的省份按照养殖规模比例随机抽样；第三阶段对抽取的每个猪场采集 10 份不同窝的仔猪粪便样品进行流行性腹泻病毒的检测。

多阶段抽样方法的优点主要包括 3 个方面：一是当总体单元数目很大、分布很广时，便于组织抽样；二是抽样方式灵活，有利于提高抽样的估计效率；三是在抽样前不要求完整的动物个体清单，仅要求一级单位的清单。但多阶段的抽样设计一般比较复杂，不仅涉及如何划分阶段，还包括在每个阶段上应当抽取多大样本量以及每个阶段的抽样方法的确定。此外，多阶段抽样时的阶段数越多，抽样误差也越大，因此阶段不宜划分过多。

4.4.2.6 按规模大小成比例的概率（PPS）抽样

按规模大小成比例的概率抽样简称 PPS 抽样，是抽取概率与单元大小成正比的抽样方法，这是一种典型的非等概率抽样。非等概率抽样是指抽样前给总体中的每一个单元赋予一定的抽中概率，从而保证大的或者重要的单元被抽中的概率大，而小的或不重要的单元被抽中的概率小。非等概率抽样与随机（概率）抽样的区别为每个单元被抽中的概率是否相同。PPS 抽样适用于总体中的各单元大小或规模差异很大，并且这些大小或规模在抽样前已知的情况。PPS 抽样可用于多阶段抽样，使初级抽样单位被抽中的概率由其初级抽样单位的规模大小所决定。初级抽样单位规模越大，被抽中的机会就越大；初级抽样单位规模越小，被抽中的概率就越小。

PPS 抽样的主要优点是由于使用了辅助信息而提高了总体中含量大的部分被抽中的概率，因而提高了样本的代表性并减少了抽样误差。主要缺点是在抽样前需要了解总体中各单元的规模大小，而且方差的估计也比较复杂。

4.4.2.7 以风险为基础的抽样

以风险为基础的抽样就是根据以往的研究、调查或经验等，在抽样过程中有意识地抽取更容易检出阳性结果的单元或个体。基于风险的抽样通常根据一个或多个特征对总体进行分层，而这些特征往往是被认为与疫病发生或存在的概率有较为密切的联系。该方法特别适用于发病率极低的疫病的调查或者无疫调查。

例如：在对广东部分地区活禽交易市场内环境中 H7N9 亚型禽流感病毒污染情况的调查中，根据以往的研究、检测结果等，主要采集饮水、污水、案板等可能存留该病毒的样品，而且要采集潮湿区域的样品，以便最大限度地保证 H7N9 亚型禽流感病毒的检出率。

以风险为基础的抽样的优点是所需样本量比其他抽样方法要小，特别适用于发病率低的疫病或者无疫调查。

4.5 现况调查

现况调查，又称现患调查或横断面调查，是在一个确定的动物群体中，在某一时点或短时期内，同时评价暴露与疫病的状况，或在某特定时点所做的检查等调查。现况调查是通过完成某特定时间该动物群体健康状况的一个"快照"，提供某病频率和特征的信息。

4.5.1 目的和用途

（1）查明当前某地区某种疫病的流行强度和该病在该地区的分布特点，以便分析与患病频率有关的因素，如环境因素、动物群体特征以及防病措施的质量等，并分析它们之间的关系。这些资料对动物群体健康状况的评估有很大价值。

（2）现况调查的结果可以提供动物疫病的病因线索，供分析流行病学研究使用；还可用于提供某些动物疫病的患病或其他结局的性别、年龄、地域等资料；也适于对能发挥长期、慢性累积影响的暴露因素的研究。对于这样一些因素，现况调查可以提供真实的暴露与疫病联系的证据。

（3）早期筛检等手段，可以早期发现发病动物，利于早期治疗。

（4）评价疫病的防治效果，如定期在某一动物群体中进行横断面研究，收集有关暴露与疫病的资料，该研究结果类似于前瞻性研究结果。

4.5.2 局限性

（1）由于是在同一时点估计暴露和疫病状况，很多情况下难以判断前后和因果关系，这是横断面研究作为病因研究的一个主要弱点。同时，横断面研究的患病动物是"现存"的，而不是新发病例，因此获得的资料不仅反映了病因学的因素，同时还有决定存活的因素。快速痊愈或死亡的病例被选中到病例组的机会较少，如果病程短或很快致死的病例与病程长的病例的特征有所不同，则现况调查中观察到的联系不能代表实际的联系。

（2）许多慢性病都有相对恶化和缓解期，现况研究可能把缓解期的病例错划为无病。此外，必须注意经过治疗或正在治疗的病例。

总之，现况调查对于病程短的病不能充分发现，对于急性非致死性或迅速致死的疫病都难以提供正确的分布。评价那些不会发生改变的暴露因素与疫病的联系，横断面研究并不亚于分析性研究。有时也可利用血清学检验、生化实验等进行感染率、带菌状况或免疫水平，以及生理、解剖、生化等指标的调查。

4.5.3 研究设计要点

4.5.3.1 明确调查目的

是考查预防、治疗措施的效果，还是探索病因或危险因素，描述疫病的分布为兽医诊断提供基线资料。

4.5.3.2 掌握有关的背景资料

只有充分地掌握背景资料，了解该问题现有的知识水平，国内外进展情况，才能阐明该研究的科学性、创新性。

4.5.3.3 确定研究动物群体

调查者往往是在抽样后才测量暴露，这时可在一个确定的地理区域内抽取动物数、养殖场或其他样本。有时根据暴露状态选择动物群体，如果是相对小的动物群体，则可包括全部动物；如果不实际或花费太大，则可选择暴露组与非暴露组。

在横断面研究中，抽样过程使调查者有可能得到最有效的研究设计，能将结果推及目标动物群体。

4.6 普查

普查是为了了解一个国家某种动物疫病（或某些动物疫病）的发病情况，或畜群的健康状况，而在特定时间内对特定范围的全部畜群进行的调查，这是一种有组织的大范围流行病学数据收集活动，包括所有关于动物疫病的资料、数据的收集整理工作，以及对兽医实践中的各种数据进行记录和解释。

普查与抽查同属于现况调查，主要用于流行病、地方性流行病、寄生虫病、慢性传染病与非传染病以及病因未明动物疫病的调查。普查能够提供动物疫病种类、分布状况、流行因素和畜群中的全部病例。但是，普查工作量大，且耗费较大的人力和物力，应该加强组织工作，拟定周密而详细的普查计划，明确调查对象和普查范围，统一调查时间和期限，统一诊断标准和检测方法，尽量降低漏查率（应答率应在 85％以上）。

普查的范围可以包括一个国家或地区的全部畜群。

4.6.1　普查中的合作

普查需要多方面的合作，应注意让所有参与人员明确普查的内容和目的，数据收集的方法应尽可能简单，并设法得到数据提供者的合作并保持他们的积极性。这是数据普查工作不可忽视的内容。关于动物疫病防治计划的流行病学调查就会很容易获得合作；与动物健康或畜主的利益没有关系时，流行病学调查就不容易得到畜主的合作；需要较长时间的实验研究（特别是前瞻性实验），则很难保持合作者在这期间的积极性。

4.6.2　普查的数据特性及来源

4.6.2.1　普查的数据特性

流行病学普查的数据都是与动物疫病和致病因素有关的数据，以及与生产有关的数据。这些数据的来源是多方面的，如诊断室、屠宰场、动物医院等。这些机构能够提供它们已经记录的数据，用于回顾性实验研究。另外，还可以与它们合作收集未来的数据，用于前瞻性实验研究。因此，了解收集数据的类型是否适合于研究需要非常重要。

一些数据属于观察资料，如肠炎记录；一些数据属于对观察现象的解释，如一项诊断代表着对一组临床症状、损伤和实验室诊断结果的解释，这种解释和诊断可能是正确的，也可能是不正确的；一些数据可通过测量获得，如体重、产乳量、死亡率和发病率，这类数据通常比较准确。

4.6.2.2　普查的数据来源

普查时调查和检查的对象多、耗时长，人力、物力上均可能有一定困难。为达到普查目的而又节省人力和物力，常用一些变通方法。如对某地区特定时间内所有死亡动物的死亡原因进行调查，由于仅限于死亡动物，减少了普查工作量，特别适合发病率低而病死率高的动物疫病；用兽医门诊或屠宰场的病例登记作为线索，追溯到养殖场并对其实施普查制定标准，先由基层兽医和相关技术人员初筛摸底，登记可疑病例，再由普查专业人员诊断，此谓之梯度筛选法。因此，普查的数据来源和具体方法是多方面的。

（1）政府兽医机构来源　许多国家都建立了各级兽医机构，如我国设立了国家、省、市、县四级动物疫病预防控制机构和乡级兽医站，负责调查和防治全国范围内一些重要的动物疫病。建立了各级诊断室，开展一些常规诊断、检测工作，保持完整的实验记录，经常报道诊断结果和动物疫病的流行情况。这无疑是最好的资料来源。由各级政府机构编辑和出版的各种兽医刊物也是常规的资料来源。

（2）大牲畜屠宰场来源　大牲畜屠宰场都要进行宰前和宰后检验以发现某些动物疫病，屠宰过程检验可以发现处于疫病亚临床期的动物。屠宰检验记录的异常现象，有助于流行性动物疫病的早期发现和人畜共患病的预防和治疗。如检验所发现的疫病关系到患畜的原始牧场或地区，则必须追查动物的来源。又如在丹麦，特定的猪场对应特定的屠宰场，屠宰场能够早发现有病的猪场，以采取各种积极措施进行该种疫病的普查和防治工作。而在英国，市场交易往往包括许多中间环节，这就很难进行具有重要流行病学意义的感染动物溯源工作。

世界许多国家（如澳大利亚、丹麦、印度、新西兰、尼日利亚、挪威、英国和美国）都定期报道日常肉品检验结果，其数据主要来源于全国的屠宰场，这些数据都可用于流行病学的普查工作。

（3）家禽屠宰场来源　禽类的宰后检验结果构成了关于禽病方面的一个资料来源。禽类的屠宰加工主要是指健康的肉鸡及淘汰蛋鸡，病鸡和死鸡都不包括在内。因此，禽屠宰场提供的数据是片面的，不能反映全部鸡群的实际情况。

（4）血清库来源　在某些动物疫病（如布鲁氏病菌）强制性控制、根除和特定疫病血清学普查过程中都要进行常规的血清样品收集工作。一般实验用血清只是血清样品中的一小部分，将多余的大部分血清贮存起来即构成了血清库。血清样品能够提供免疫特性方面有价值的流行病学资料，如流行的周期性、传染的空间分布和新发疫病的起源。因此，建立血清库有助于研究与传染病有关的许多问题：鉴定主要的健康标准、建立免疫接种程序、确定疫病的分布、调查新发现的动物疫病、确定流行的周期性、增加病因学方面的知识、评价免疫接种效果或程序、评价疫病造成的损失。

（5）动物注册数据　动物登记注册是流行病学数据的又一个来源。在兽医学领域，有些动物肿瘤病也建立了注册制度，但缺乏肿瘤患畜的全部统计数据，因此动物肿瘤发病率的估测通常存在着很大的误差。根据某地区注册或免疫接种犬的数量，估测该地区犬的总数，一般是趋于下限估测，因为公众对犬注册和免疫接种的反应不积极。

（6）农业机构来源　许多农业机构记录和保存动物群体结构、分布和动物生产方面的资料，如增重、饲料转化率和产乳量等。这对某些实验研究也同样具有流行病学方面的意义。

（7）商业性饲养场来源　大型的现代化饲养场都有自己独立的经营管理体制、完善的资料和数据记录系统，许多数据资料具有较高的可靠性。这些资料对某些动物疫病普查很有价值，如肉仔鸡死亡率、断乳仔猪死亡。

（8）生产记录　许多饲养者（如奶牛和猪的饲养者）经常记录生产数据和一些疫病资料。但记录者的兴趣和背景不同，所记录数据类别和精确程度也不同，例如，有人发现牛出现跛行后，能够详细地记录牛蹄部损伤部位、损伤程度及损伤原因；而有的人则简单地记录为跛行。尽管如此，这些数据仍可用于流行病学研究和普查，如牛跛行的普查。

（9）兽医院门诊来源　兽医院开设兽医门诊，并建立动物疫病志，以描述发病情况和记录诊断结果。门诊中，兽医擅长治疗疫病的感染动物的比例通常高于其他疫病的动物，这可能是由于该兽医为某种动物疫病的专家而导致畜主到此就诊的缘故。

（10）其他资料来源　许多野生动物是家畜和人类某些传染病的重要传染源，如狂犬病和鼠疫。野生动物保护组织和害虫防治中心记录和保存关于国家野生动物种类、数量、地区分布等方面的数据。这对调查动物疫病的感染和传播状况很有价值。

4.7　定点流行病学调查

定点流行病学调查是国家或地方兽医行政部门根据疫情监测需要，选取有代表性的市、县（市、区）或动物疫病诊疗机构，持续、系统地对动物疫病事件及其相关因素开展实时调查，对调查采取的样品及时检测，将收集的各种信息资料和检测数据进行综合处理和分析，定期或不定期报告检查结果，评价动物卫生状况，分析防控中出现的问题，预测疫情动态，提出防控措施建议。

4.7.1　定点流行病学调查的特点

（1）属于抽样调查和哨点监测的范畴。

（2）实时监测辖区疫情发生情况，实时开展个案调查、暴发调查。

（3）根据需要定期或不定期开展抽样调查和较小范围的普查。

（4）传染来源和疫源地监视是重点日常工作之一。

（5）开展饲养状况等疫情风险相关因素调查和监视。

（6）定点监视动物疫病诊疗机构，可以及时掌握当前主要的动物疫病种类。

4.7.2　定点流行病学调查的要求

（1）定点县的选取除了考虑动物饲养、调运、疫情监视的代表性外，还要考虑所在县工作的配合程度、工作基础、人员素质和实验室条件。

（2）定点县要有专人分管和从事该项工作，能与上级业务部门密切配合并开展工作。

（3）上级业务部门与定点县联合制定相关调查方案和调查监视计划。

（4）定点调查要与定点县的日常工作相结合，实现定点调查工作的日常化和规范化。

（5）上级业务部门与定点县及时共享和交流定期或不定期的调查报告结果。

（6）上级业务部门与定点县要定期或不定期对相关人员开展培训，并召开技术研讨会。

（7）要有专项经费和机制保障。

5 调查方案设计及调查表编制

5.1 调查方案的设计

流行病学调查方案设计是根据调查目的对调查工作的内容和方法进行计划，以保证流行病学调查研究的准确性，使调查研究结果能够反映真实情况。流行病学调查，尤其是抽样调查和普查，规模较大，涉及人员和调查对象较多，调查主要在野外进行，许多因素不能完全人为控制。因此，一个理想的调查设计方案是保证调查成功的前提。

一份完善的流行病学调查方案，内容应该包括调查研究目的、调查范围、调查内容、所需要数据、调查对象和方法等主要内容。此外，还涉及质量控制方法、数据录入及统计处理方法、组织分工、调查要求、注意事项、时间与进度安排、经费预算等内容。

流行病学调查方案应符合可行性原则、科学性原则、可靠性原则。在设计阶段就应充分考虑调查的可行性，包括研究人员组成、必要的仪器设备、经费支持等方面。对实施过程中可能遇到的困难，要有充分的考虑。应尽可能通过设计完善、合理的调查方案，最大限度地优化调查指标。方案应尽可能减少两类误差，提高调查结果的准确性和精确性。

先根据所提出的问题，明确本次调查所要达到的目的，然后根据具体调查研究的目的，确定采用何种调查类型。例如要了解疫病分布特征、疫源地调查，可以使用个案调查、暴发调查、抽样调查、普查等调查方法；要发现新疫病、阐明疫病机理，可以使用病理报告、个案调查方法；要探究食物中毒和传染病暴发原因，可以使用暴发调查方法。

根据调查目的，确定调查内容，然后确定所需要调查的数据。根据调查目的、疫病性质和实际情况来选择研究对象和范围。个案调查应选择病例及其圈舍和周围环境进行调查，或调查单个疫源地的宿主动物、媒介及人畜感染情况；暴发调查则是对某个饲养场/户或地区短时间内集中发生的同类病例所做的调查；抽样调查应明确目标群体、研究群体、抽样群体和抽样方法；普查则根据普查范围、病种、畜种确定调查对象。

资料收集的来源一般包括问卷调查、现场调查、实验室检测及相关文献。

根据研究目的和获取数据的特点，明确要使用的统计分析方法，如描述性研究方法或分析性研究方法。与此同时还需要进行调查过程中的质量控制。

具体的调查方法如下：

（1）制定调查设计方案　包括资料搜集、整理和分析资料的计划。

搜集资料的计划在整个设计中占主要地位，包括以下内容：①明确调查目的和指标；②确定研究对象和观察单位；③选择调查方法；④决定采取的调查方式；⑤设计调查项目和调查表；⑥估计样本含量。

（2）制定调查实施方案　包括人、财、物的准备，调查人员的培训，统一调查方法。

最好开展预调查，获得经验，完善调查方案。

（3）正式调查　调查时进行质量控制，保证收集的资料完整、准确、及时。

（4）整理、分析资料，写出调查报告

5.2　调查问卷的编制

流行病学调查问卷是获取流行病学研究有用信息的基础工具，在流行病学调查研究工作中具有重要意义。调查问卷的质量直接决定着调查信息的质量。一份好的调查问卷，既要能充分有效获取调查所需的信息，又不能包含与调查目的无关的信息。信息容量小，难以满足研究需要；信息内容冗余，必然影响调查质量，浪费调查资源。因此，调查问卷的设计是流行病学调查研究的重要环节，影响着调查研究工作的质量。描述疫病分布、推断疫病病因、评估防控效果都会涉及流行病学调查，开展调查必然涉及调查问卷。因此，流行病学调查工作者必须熟悉调查问卷的设计技巧。

5.2.1　调查问卷的类型

调查研究目的不同，问卷内容和格式自然不同，万能的调查表并不存在。在调查问卷设计中，应根据调查目的不同，选择不同的调查问卷类型。根据不同的分类标准，调查问卷可以分为以下类型。

5.2.1.1　按调查问题的性质

分为技术性问卷、观点性问卷和混合型问卷3种。

（1）技术性问卷　主要用于收集调查期间调查者通过观察所获得的数据（圈舍大小、动物数量、病死情况等），或其他由畜主所掌握的数据。

（2）观点性问卷　主要用于掌握被调查者对不同问题的看法，如养殖场（户）对高致病性蓝耳病疫苗副作用的看法。

（3）混合型问卷　用于收集上述两类信息，实际调查中所用的调查问卷多数为混合型问卷。

5.2.1.2　按调查问卷的填写主体

分为自填式问卷和访问式问卷 2 种。

（1）自填式问卷　是将问卷交到被调查者手中，由被调查者自行填写的问卷。

（2）访问式问卷　是在调查过程中，由调查人员根据被访者的回答进行填写的问卷。

5.2.1.3　按调查问题的类型

分为结构型问卷、非结构型问卷和混合型问卷 3 种。

（1）结构型问卷　又称封闭型问卷，这种问卷不仅包括一定数目的问题，而且问卷的设计是有结构的，即按一定的提问方式和顺序进行安排。每个问题的后面附有备选答案，被调查对象可根据自己的情况选择填写。这种形式的问卷适合于大范围的调查或研究。例如，调查饲养场对当地兽医诊疗服务机构提供的诊疗技术满意程度时，可设置 5 个备选答案（很满意、满意、一般、不满意、很不满意），由被调查人员自行选择。

结构型问卷具有一系列优点，问题的答案是标准化的，易于日后统计分析。

结构型问卷同时具有一些缺点，因事先设计了备选答案，限定了答案，使一些被调查对象的创造性受到限制，不利于发现新问题；容易造成被调查对象盲目回答，当被调查对象不理解或不完全理解所列举的问题时，或所给答案不适合于被调查对象时，易造成盲目填写，使资料产生偏倚。

（2）非结构型问卷　又称为开放型问卷，指在问卷中只列出问题，不提供备选答案，由被调查对象自由作答的问卷类型。此类问卷适合于深度个人访谈，调查人数较少，所得资料不需量化分析。如调查畜主对目前母猪保险制度的看法，基层防疫人员对强制免疫措施的看法时，可使用这类问卷。非结构式问卷适合于探索性的研究。

优点：由于调查组并未设计问题的答案，被调查者可以自由作答，调查人员可获得许多有价值的答案；调查时灵活性较大，回答者有较多的自我表现和发挥主观能动性的机会。

缺点：所获信息有时会出现很大差异。由于被调查对象的文化知识背景不一，不能保证信息都有用；由于调查结果的差异较大，结果可能难以进行统计分析和相互比较；花费时间多且易出现拒答情况。

（3）混合型问卷　在问卷中既有提供备选答案的问题，又有开放性的问题。

5.2.1.4　按调查工作的业务性质

可分为病例个案调查表、疫情暴发调查表、风险因素调查表等。

5.2.2　调查问卷的设计原则

（1）内容合理　适当围绕调查目的设计调查内容，做到需要调查的项目一个不少，不需要调查的项目一个不要。实际调查过程中，这方面的问题经常出现，严重影响了问卷质量。一份问卷作答的内容不宜过多，作答时间不宜过长，一般不超过30分钟。

（2）用词简洁易懂　调查问卷中语言表述应规范、精炼、明确，容易理解，避免用专业术语，便于回答。尤其应注意所提问题不能引起被调查者的反感。

（3）问句清晰明确　设计问卷时，问句表达务必简明、生动，不可使用似是而非的语言。

（4）调查指标客观定量　设定的问题应具有客观性而不应具有倾向性和引导性，同时，调查数据尽可能定量描述。

（5）问题层次条理清晰　问卷所提问题的排列应有一定规则，使问卷条理清晰，便于回答，减少拒答。一是应从简单问题问起，逐步向复杂问题过渡；二是按一定的逻辑顺序排列，同类或有关联的问题应系统整理，放在一起；三是核心问题应适当前置，专业性问题尽量后置；四是敏感性问题尽量后置；五是封闭性问题前置，开放性问题后置。封闭性问题易于回答，可放在前面，而开放性问题需要思考和组织语言，时间花费较多，一般放在最后。

（6）答案设计严密工整　调查问卷中出现备选答案的，设计时应注意两个问题。一是可供选择的答案要穷尽，即将问题的所有答案尽可能列出。二是所设计的答案要互斥，即针对一个问题的答案选项之间要互不相容。

此外，在编制调查表时，应同时考虑数据采集完成后整理和分析工作的方便性。

5.2.3　调查问卷的设计步骤

调查问卷的设计步骤一般需要以下几个过程：

（1）明确调查目的　目的需求不详，会直接影响调查问卷的设计质量。因此，设计问卷前，一定要深入讨论，清晰界定调查目的，明确本次调查的预期目标。

（2）确定调查内容　调查目的确定后，需进一步确定调查的主题范围和调查项目，同时应确定问卷结构，拟定并编排问题。

（3）列出所需要的数据　在这一阶段，主要是根据调查的内容，确定分析所需要的数据类型、范围等。

（4）问卷设计　问卷一般包括前言、主体和结束3个部分。对于自填式问卷，首先可根据研究目的写出说明信，在说明信里应交代研究的目的和意义、匿名保证及致谢。之后，开始初步设计主体部分。根据要调查的内容，按照问卷设计的基本原则列出相应的问题，并考虑问题的提问方式，再对问题进行筛选和编排。对于每个问题，要注意考虑是否必要。

另外，对于复杂的问卷，问卷初步设计出来后可在小范围内进行试答，看问卷中问题是否明确、答案是否合适、有无遗漏、问题排列是否符合逻辑等。之后对问卷进行调整、修改，直至定稿。

5.2.4　调查问卷的结构

一份完整的调查问卷，一般由标题、编码（编号）、一般信息（调查对象概况）、主题内容、附加信息（如调查人员签章）等内容组成。问卷中出现专业性太强或具有特殊含义的指标时，应附带填写说明。自填式问卷，一般需要附带说明信。现就以上环节分别予以说明。

（1）标题　问卷的标题应概括说明调查的研究主题，使被调查者对所要回答的问题有所了解。标题不宜过长，应简明扼要，引起被调查对象的兴趣

（2）编码　问卷设计时，需考虑到日后对问卷资料的录入和分析。因此，需对问卷中的各项问题进行编号，并做好相应的编码准备。

（3）一般信息　主要是对调查对象的一些主要特征的调查。如对羊饲养场户布鲁氏菌病传播风险因素调查，需要掌握饲养场/户存栏数量、养殖结构、饲养模式等信息。通过对这些项目的调查，可对后面流产率、发病率及风险因素分析提供基本的信息和数据支持。如有必要，应记录被调查对象的姓名、单位或家庭住址、电话等，这些信息需征得被调查对象的同意，以便将来的核查和随访调查。匿名调查时则不宜有上述内容。

（4）主题内容　调查的主题内容是指调查者最关注的内容，同时也是本次调查的目的所在。它是问题的主体部分。这部分内容主要以提问的方式出现，它的设计关系到整个调查的成败。由于研究目的的不同，调查的内容千差万别，研究者可根据研究的目的选择该用何种类型问题开展调查。

（5）附加信息　在调查表的最后，常需附上调查人员的姓名、调查日期。

（6）填表说明　填表说明是告诉被调查人员如何准确填写调查表中的内容。自填式问卷更需详细写好填表说明。填表说明首先需对问卷中不易搞清或有特殊含义的指标进行解释，同时对填写的要求做出说明，对复杂的问卷填写做出示例。简单问卷的填写不必单独写出填表说明，可放入说明信中一并表达。填表说明一般包括下面的内容：对选择答案所用符号进行规定、对开放性问题回答的规定、对所用代码表格的解释。

5.2.5　调查问卷的评价

调查表设计完成后，研究人员通常都会关心调查表是否能准确反映所要研究现象的属性，及被访者回答的重复性如何等。这需要对调查问卷进行再评价。

调查问卷的评价主要是对调查问卷的结构合理性、调查内容与调查目的相符程度、问题表述的准确性等方面进行评价。

调查问卷评价包括专家评价、同行评价、被调查人员评价和自我评价等几种评价方式。专家评价一般侧重于技术方面，主要是对调查表的信度和效度问题进行评价，包括获得调查结果的稳定性和一致性，以及调查问题设置能否正确衡量所调查内容等。同行评价主要是对调查表设计的整体结构、问题的表述、调查问卷的版式风格等方面进行评价。被调查人员评价是最有效、最直接的评价方式，但容易受被调查者的知识水平、经验等因素影响。被调查人员评价一般可采取 3 种方式：一是在调查工作完成以后，组织一些被调查者进行事后评价；二是调查工作与评价工作同步进行，即在调查问卷的结束语部分安排几个反馈性问题；三是采用预调查方式，在调查开始之前选择一定数量的潜在被调查者试填写并给予评价。自我评价则是调查结束后，设计者对调查问卷的填写情况、获得数据的质量等所进行的反思。

6 兽医流行病学调查工具包软件的使用

6.1 简介

6.1.1 开发目的

兽医流行病学调查工具包软件是为了提高兽医流行病学调查工作规范化程度，运用 Visual Basic Application＋Microsoft Access 2007 技术实现的能够进行流行病学调查方案辅助设计、样本量计算、流行病学调查问卷规范化数据录入、提取问卷数据并分析、风险评估等功能，其中包含 15 套常见流行病学调查问卷的数据录入、分析功能。该软件功能完善、易于使用、实用性较高，可用于基层调研使用，有助于提升基层兽医流行病学调查工作的水平。

6.1.2 运行环境

兽医流行病学调查工具包软件采用 Windows 7 作为开发平台，使用 Microsoft 公司开发的 Visual Basic Application＋Microsoft Access 2007 编程工具进行开发，具有良好的稳定性和兼容性，因此在 Windows 平台上可以很稳定的运行。用户需要安装 Microsoft Office 2007 以上版本或 WPS 2007 以上版本表格处理软件。

用户通过双击程序，会启动登录系统界面，选择相应的用户，输入正确的密码，可以进入调查问卷辅助设计及问卷选择界面，选择相应的问卷，可以进行问卷数据的录入，待数据录入完成，单击提交，数据可标准化保存至数据页面，后期可以进行二次分析及自动生成报告。

6.1.3 程序安装步骤

通过双击兽医流行病学调查工具包软件安装文件，☑🐾**兽医流行病学调查工具包软件 Setup.exe**
直接选择运行程序，也可以输入快捷键 Alt＋N 进入下一步，单击下一步进入欢迎界面，如图 6‑1 所示。

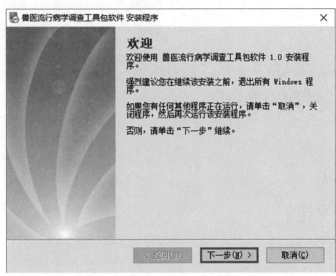

扫码看图

图 6-1 欢迎界面

单击下一步，选择同意协议按钮，进入下一步，如图 6-2 所示。

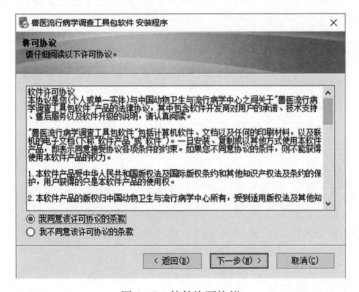

图 6-2 软件许可协议

单击下一步，输入用户名称及公司名称，进入下一步，如图 6-3 所示。

单击下一步进入选择程序安装位置，默认为 C：\ Program Files（×86）\ 兽医流行病学调查工具包软件，也可以通过浏览按钮选择合适的位置（尽量不

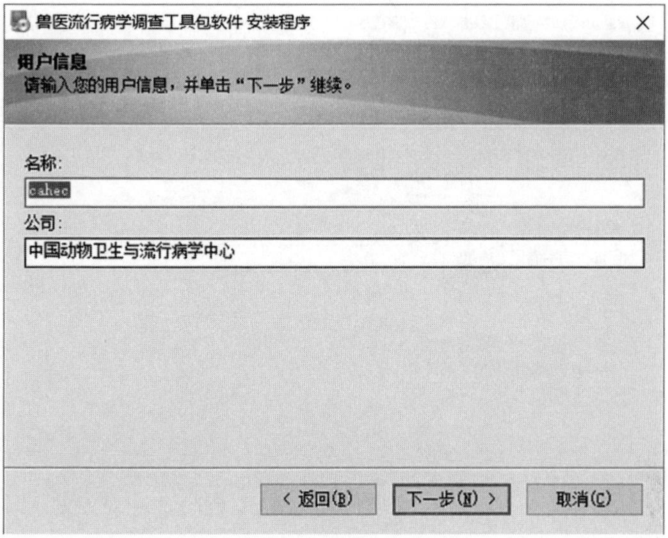

图 6-3 用户信息

用中文目录），如图 6-4 所示。

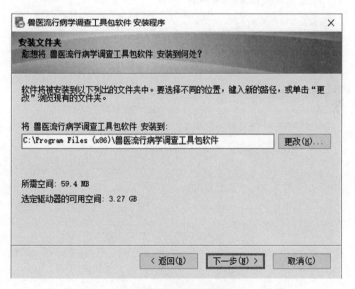

图 6-4 安装路径选择

单击下一步，选择配置快捷方式信息，如图 6-5 所示。
接下来，单击下一步就可以进行程序的安装了，如图 6-6 所示。
单击下一步进入程序复制步骤，如图 6-7 所示。

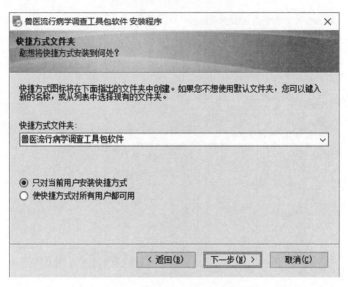

图 6-5　快捷方式配置

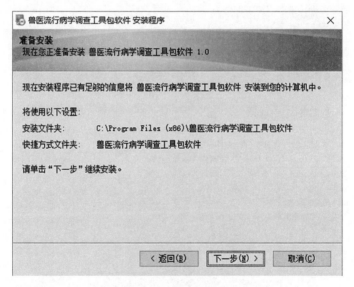

图 6-6　准备安装界面

待文件复制完毕，程序安装完成，如图 6-8 所示。

这时，可以查看本程序的说明文件以及运行本程序。

程序安装完成之后，显示在 C 盘目录，如图 6-9 所示。在桌面同时会创建工具包快捷方式。

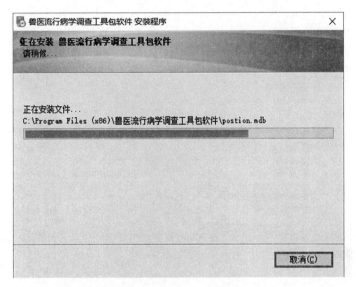

图 6-7 复制文件界面

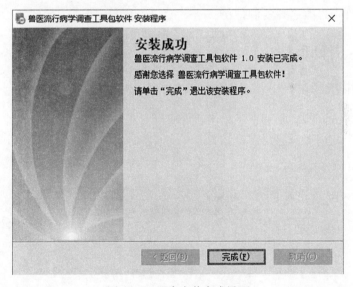

图 6-8 程序安装完成界面

6.1.4 注意事项

工具包是采用 Excel＋VBA＋MS Access 开发而成，因此需要完整安装 MS Office 2007 以上版本或者 WPS 2007 以上版本。工具包包含两个文件，分

图 6-9　C盘安装目录

别为问卷 *. xlsm 和 postion. mdb 数据库，请注意及时备份工具包 *. xlsm 文件，该文件可以改名并复制备份。

6.2　用户管理

6.2.1　用户登录

双击兽医流行病学调查工具包软件快捷方式可以打开工具包软件，会提示是否启用宏，请选择启用宏，如图 6-10 所示。

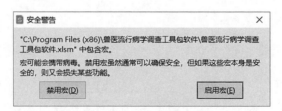

图 6-10　启动程序需要启用宏

然后系统进入登录界面，初次使用请选择 Admin 账户，初始口令为 123，如图 6-11 所示。

Admin 用户为管理员账户，可以新建用户，删除用户，修改用户密码，设置用户姓名、电话、地址等信息。

当新建用户或用户姓名和电话为空时，登录成功后，会自动跳到设置用户

图 6-11　登录界面

详细信息界面。

6.2.2　新建用户

成功登录 Admin 账户，进入工具包调查设计页面，单击"添加、删除、修改用户"按钮，如图 6-12 和图 6-13 所示。

图 6-12　调查设计页面

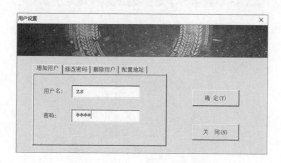

图 6-13　增加用户界面

在用户设置界面，选择"增加用户"，输入要添加的用户名及密码，单击"确定"按钮，就可以添加该用户名。

6.2.3 修改密码

在用户设置界面，选择"修改密码"，选择要修改密码的用户名，输入旧密码、新密码及确认密码，单击"确定"按钮，系统会验证旧密码是否正确、新密码和确认密码是否相同，验证通过后即可成功修改密码，如图 6-14 所示。

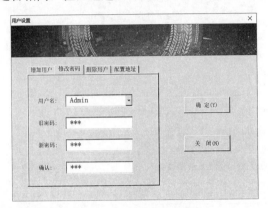

图 6-14 修改密码界面

6.2.4 删除用户

在用户设置界面，选择"删除用户"，在下拉框中选择要删除的用户名，单击"确定"按钮，系统即可删除该用户（Admin 用户无法删除），如图 6-15 所示。

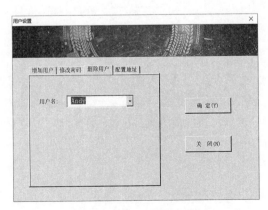

图 6-15 删除用户界面

6.2.5 配置地址

在用户设置界面，选择"配置地址"，在下拉框中选择要配置信息的用户名，需要配置行政区划代码、行政区划地址、录入员姓名、录入员电话信息，目的是为了后期填写问卷时，可自动在相应位置填写录入员姓名及电话，配置行政区划代码是为了后期统计分析数据需要。具体方法：单击行政区划代码文本框，会自动弹出对话框，选择省、市、县等信息，单击地址选择对话框里的"确定"按钮，就可以将选择的行政区划代码和地址自动填入文本框，接着填入录入员姓名及电话以后，单击"确定"按钮，系统即完成了对地址信息的配置，如图 6-16、图 6-17 和图 6-18 所示。

图 6-16　配置地址界面

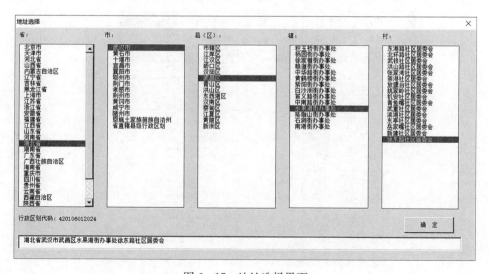

图 6-17　地址选择界面

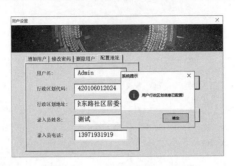

图 6-18　地址配置成功界面

6.3　抽样辅助设计

兽医流行病学调查工具包软件实现了部分随机抽样方法，包括简单随机抽样、系统抽样、分层抽样、整群抽样、多阶段抽样、PPS 抽样。

6.3.1　简单随机抽样

选择“简单随机抽样”后，填入总体规模大小，可自动生成编号，然后将需要抽样的动物名称和备注粘贴到动物和备注两列，接着输入需要抽取的样本个数，点击“简单随机抽样抽取”，软件会按照简单随机抽样方法抽取需要的样本，并将结果展示到抽取区域，如图 6-19 和图 6-20 所示。

编号	动物	备注	是否抽中
1	动物1	备注1	
2	动物2	备注2	
3	动物3	备注3	
4	动物4	备注4	
5	动物5	备注5	
6	动物6	备注6	
7	动物7	备注7	
8	动物8	备注8	
9	动物9	备注9	
10	动物10	备注10	
11	动物11	备注11	
12	动物12	备注12	抽中
13	动物13	备注13	
14	动物14	备注14	
15	动物15	备注15	抽中
16	动物16	备注16	
17	动物17	备注17	
18	动物18	备注18	
19	动物19	备注19	
20	动物20	备注20	
21	动物21	备注21	
22	动物22	备注22	
23	动物23	备注23	
24	动物24	备注24	抽中
25	动物25	备注25	

抽取编号	抽取动物	抽取备注
12	动物12	备注12
15	动物15	备注15
24	动物24	备注24
38	动物38	备注38
63	动物63	备注63
72	动物72	备注72
74	动物74	备注74
75	动物75	备注75
80	动物80	备注80
86	动物86	备注86

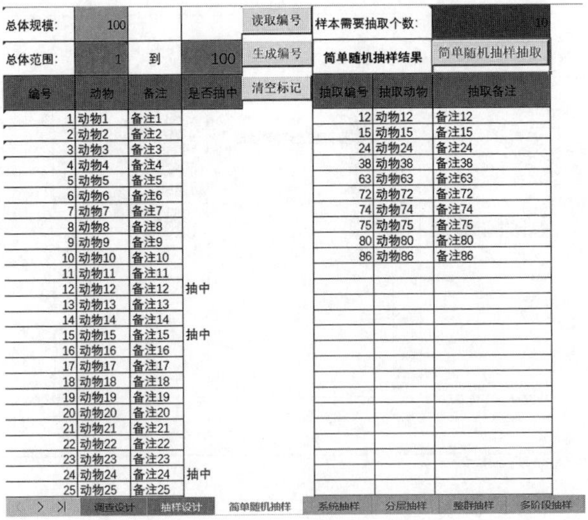

图 6-19　简单随机抽样结果 1

总体规模:	100			读取编号	样本需要抽取个数:		20
总体范围:	1	到	100	生成编号	简单随机抽样结果	简单随机抽样抽取	
				清空标记			
编号	动物	备注	是否抽中		抽取编号	抽取动物	抽取备注
1	动物1	备注1			2	动物2	备注2
2	动物2	备注2	抽中		8	动物8	备注8
3	动物3	备注3			22	动物22	备注22
4	动物4	备注4			34	动物34	备注34
5	动物5	备注5			39	动物39	备注39
6	动物6	备注6			40	动物40	备注40
7	动物7	备注7			41	动物41	备注41
8	动物8	备注8	抽中		45	动物45	备注45
9	动物9	备注9			51	动物51	备注51
10	动物10	备注10			53	动物53	备注53
11	动物11	备注11			63	动物63	备注63
12	动物12	备注12			65	动物65	备注65
13	动物13	备注13			68	动物68	备注68
14	动物14	备注14			70	动物70	备注70
15	动物15	备注15			74	动物74	备注74
16	动物16	备注16			79	动物79	备注79
17	动物17	备注17			81	动物81	备注81
18	动物18	备注18			85	动物85	备注85
19	动物19	备注19			88	动物88	备注88
20	动物20	备注20			92	动物92	备注92
21	动物21	备注21					
22	动物22	备注22	抽中				
23	动物23	备注23					
24	动物24	备注24					
25	动物25	备注25					

| ＞ | ＞｜ | 调查设计 | 抽样设计 | 简单随机抽样 | 系统抽样 | 分层抽样 | 整群抽样 | 多阶段 |

图 6-20　简单随机抽样结果 2

除此之外，软件还可以根据粘贴的动物名称读取总体规模及总体编号范围、清空简单随机抽样结果等功能，并且对数据进行一定的检验，例如样本抽取个数必须大于 0 且小于等于总体规模等功能。

6.3.2　系统抽样

选择"系统抽样"后，填入总体规模大小，可自动生成编号，然后将需要抽样的动物名称和备注粘贴到动物和备注两列，接着输入需要抽取的样本个数，点击"系统抽样抽取"，软件会按照系统抽样方法抽取需要的样本，并将结果展示到抽取区域，如图 6-21 所示。

图 6-21 展示为总体规模为 150，样本抽取个数为 10 时的抽取结果，根据系统抽样算法，抽样间隔正好可以整除为 15，第 1 段随机数为 8，第 2 段随机数为 $8+15=23$，第 3 段随机数为 $8+15\times2=38$，以此类推，最后一段随机数为 $8+15\times9=143$。

总体规模	150			读取编号	样本需要抽取个数:		10
总体范围	1	到	150	生成编号	系统抽样结果		系统抽样抽取

编号	动物	备注	是否抽中	抽取编号	抽取动物	抽取备注
1	牛1	备注1		8	牛8	备注8
2	牛2	备注2		23	牛23	备注23
3	牛3	备注3		38	牛38	备注38
4	牛4	备注4		53	牛53	备注53
5	牛5	备注5		68	牛68	备注68
6	牛6	备注6		83	牛83	备注83
7	牛7	备注7		98	牛98	备注98
8	牛8	备注8	抽中	113	牛113	备注113
9	牛9	备注9		128	牛128	备注128
10	牛10	备注10		143	牛143	备注143
11	牛11	备注11				
12	牛12	备注12				
13	牛13	备注13				
14	牛14	备注14				
15	牛15	备注15				
16	牛16	备注16				
17	牛17	备注17				
18	牛18	备注18				
19	牛19	备注19				
20	牛20	备注20				
21	牛21	备注21				
22	牛22	备注22				
23	牛23	备注23	抽中			
24	牛24	备注24				
25	牛25	备注25				
26	牛26	备注26				

> | 调查设计 | 抽样设计 | 简单随机抽样 | 系统抽样 | 分层抽样 | 整群抽样 | 多阶段抽样 | PPS抽样 |

图 6-21　系统抽样结果 1

当总体规模为 150，样本抽取个数为 20 时，根据系统抽样算法，抽样间隔不能整除，因此需要找到最近能整除的 140，所以需要在总体中随机剔除 10 个，然后再用间隔 7 进行系统抽样，需要注意的是碰到剔除的样本需要自动顺移，虽然过程很复杂，但软件已自动判断并完成，如图 6-22 所示。

总体规模	150			读取编号	样本需要抽取个数:		20
总体范围	1	到	150	生成编号	系统抽样结果		系统抽样抽取

编号	动物	备注	是否抽中	清空标记	抽取编号	抽取动物	抽取备注
1	牛1	备注1		1	4	牛4	备注4
2	牛2	备注2		2	11	牛11	备注11
3	牛3	备注3	剔除	3	18	牛18	备注18
4	牛4	备注4	抽中	4	25	牛25	备注25
5	牛5	备注5		5	32	牛32	备注32
6	牛6	备注6		6	39	牛39	备注39
7	牛7	备注7		7	48	牛48	备注48
8	牛8	备注8		8	55	牛55	备注55
9	牛9	备注9		9	63	牛63	备注63
10	牛10	备注10		10	71	牛71	备注71
11	牛11	备注11	抽中	11	78	牛78	备注78
12	牛12	备注12		12	86	牛86	备注86
13	牛13	备注13		13	93	牛93	备注93
14	牛14	备注14		14	101	牛101	备注101
15	牛15	备注15		15	108	牛108	备注108
16	牛16	备注16		16	115	牛115	备注115
17	牛17	备注17		17	122	牛122	备注122
18	牛18	备注18	抽中	18	129	牛129	备注129
19	牛19	备注19		19	137	牛137	备注137
20	牛20	备注20		20	146	牛146	备注146
21	牛21	备注21		21			
22	牛22	备注22		22			
23	牛23	备注23		23			
24	牛24	备注24		24			
25	牛25	备注25	抽中				
26	牛26	备注26					

> | 调查设计 | 抽样设计 | 简单随机抽样 | 系统抽样 | 分层抽样 | 整群抽样 | 多阶段抽样 | PPS抽样 |

图 6-22　系统抽样结果 2

6.3.3　分层抽样

选择"分层抽样"后，填入总体规模大小，可自动生成编号，然后将需要抽样的动物名称、层名和备注粘贴到动物、层名和备注三列，接着输入需要抽取的样本个数，点击"分层抽样抽取"，软件会按照分层抽样方法抽取需要的样本，并将结果展示到抽取区域，如图6-23所示。

总体规模：	200	总体层数：	2	生成层	读取编号	样本需要抽取个数：		25
总体范围：	1	到	200	统计层	生成编号	分层抽样结果		分层抽样抽取

编号	动物	层名	备注	是否抽中	清空标记	抽取编号	抽取羊	抽取层名	抽取备注
1	羊1	层2				16	羊16	层1	
2	羊2	层2				20	羊20	层1	
3	羊3	层2				49	羊49	层2	
4	羊4	层1				50	羊50	层2	
5	羊5	层1				69	羊69	层2	
6	羊6	层1				74	羊74	层2	
7	羊7	层2				76	羊76	层1	
8	羊8	层1				88	羊88	层2	
9	羊9	层2				91	羊91	层1	
10	羊10	层2				100	羊100	层2	
11	羊11	层2				104	羊104	层2	
12	羊12	层1				115	羊115	层2	
13	羊13	层1				120	羊120	层1	
14	羊14	层1				121	羊121	层1	
15	羊15	层1				124	羊124	层1	
16	羊16	层1		抽中		125	羊125	层1	
17	羊17	层2				149	羊149	层1	
18	羊18	层1				158	羊158	层2	
19	羊19	层1				160	羊160	层2	
20	羊20	层2		抽中		162	羊162	层2	
21	羊21	层1				166	羊166	层1	
22	羊22	层1				170	羊170	层2	
23	羊23	层1				175	羊175	层2	
24	羊24	层2				178	羊178	层2	

立意抽样　配额抽样　自愿抽样　雪球抽样　简单随机抽样　系统抽样　**分层抽样**　整群抽样　多阶段抽样　PPS抽

图6-23　分层抽样结果

图6-23展示为总体规模为200，共有2层，分别为层1和层2，数量分别为96、104，可以使用"统计层"按钮来进行统计，如图6-24所示。样本抽取个数为25时的抽取结果，根据分层抽样算法，系统分为可以按比例分配抽取数量、不能按比例但四舍五入后累计等于抽样样本个数（如图6-25、图6-26所示）、不能按比例分层抽取三种情况，软件均已实现，不能按比例分层时，会尝试剔除少量个体后再次抽取，如图6-27、图6-28所示。

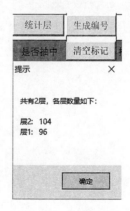

统计层	生成编号
是否抽中	清空标记

提示　　　　　　　×

共有2层，各层数量如下：

层2：104
层1：96

确定

图6-24　统计层功能

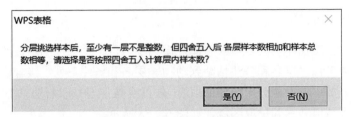

图 6-25 分层抽样特殊情况 1

总体规模:		200	总体层数:	2	生成层	读取编号	样本需要抽取个数:			20
总体范围:		1	到	200	统计层	生成编号	**分层抽样结果**		分层抽样抽取	
编号	羊	层名	备注	是否抽中	清空标记	抽取编号	抽取羊	抽取层名	抽取备注
1	羊1	层2				2	羊2	层2	
2	羊2	层2		抽中		7	羊7	层2	
3	羊3	层2				10	羊10	层2	
4	羊4	层1				16	羊16	层1	
5	羊5	层1				32	羊32	层2	
6	羊6	层1				37	羊37	层2	
7	羊7	层2		抽中		45	羊45	层1	
8	羊8	层1				60	羊60	层2	
9	羊9	层2				64	羊64	层2	
10	羊10	层2		抽中		73	羊73	层2	
11	羊11	层2				90	羊90	层2	
12	羊12	层1				118	羊118	层1	
13	羊13	层1				124	羊124	层1	
14	羊14	层2				135	羊135	层2	
15	羊15	层2				139	羊139	层2	
16	羊16	层1		抽中		149	羊149	层1	
17	羊17	层2				165	羊165	层2	
18	羊18	层2				168	羊168	层2	
19	羊19	层1				175	羊175	层2	
20	羊20	层2				176	羊176	层2	
21	羊21	层1							
22	羊22	层1							
23	羊23	层1							
24	羊24	层2							

〈 〉 〉| 　立意抽样　配额抽样　自愿抽样　雪球抽样　简单随机抽样　系统抽样　**分层抽样**　整群抽样　多阶段抽样　PPS

图 6-26 分层抽样特殊情况抽样结果 1

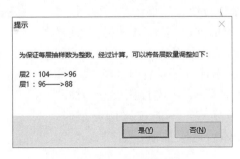

图 6-27 分层抽样特殊情况 2

总体规模： 200　总体层数： 2　[生成层]　[读取编号]　样本需要抽取个数： 23

总体范围： 1 到 200　[统计层]　[生成编号]　**分层抽样结果**　[分层抽样抽取]

编号	动物	层名	备注	是否抽中 [清空标记]
1	羊1	层2		
2	羊2	层2	删除	
3	羊3	层2		
4	羊4	层1		
5	羊5	层1		
6	羊6	层1		
7	羊7	层2	删除	
8	羊8	层1	删除	
9	羊9	层2		
10	羊10	层2		
11	羊11	层2		
12	羊12	层1		
13	羊13	层1		
14	羊14	层2		
15	羊15	层2		抽中
16	羊16	层1		
17	羊17	层2		
18	羊18	层2		
19	羊19	层2		抽中
20	羊20	层2		
21	羊21	层1		
22	羊22	层1		抽中
23	羊23	层1		
24	羊24	层2		

抽取编号	抽取名	抽取层名 抽取备注
15	羊15	层2
19	羊19	层1
22	羊22	层1
44	羊44	层1
45	羊45	层1
54	羊54	层1
56	羊56	层1
57	羊57	层1
64	羊64	层2
72	羊72	层2
77	羊77	层1
93	羊93	层2
102	羊102	层2
113	羊113	层2
115	羊115	层2
116	羊116	层2
152	羊152	层2
153	羊153	层2
166	羊166	层1
175	羊175	层1
176	羊176	层1
179	羊179	层1
188	羊188	层1

〈 〉 〉| 立意抽样　配额抽样　自愿抽样　雪球抽样　简单随机抽样　系统抽样　分层抽样　整群抽样　多阶段抽样　PPS

图 6-28　分层抽样特殊情况抽样结果 2

6.3.4　整群抽样

选择"整群抽样"后，填入总体规模大小，可自动生成编号，然后将需要抽样的动物名称、群（层）名和备注粘贴到名称、群（层）名和备注三列，接着输入需要抽取的群（层）个数，点击"整群抽样抽取"，软件会按照整群抽样方法抽取需要的样本，并将结果展示到抽取区域，如图 6-29 所示。

总体规模： 200　总体群(层)数： 10　[生成层]　[读取编号]　需要抽取的群(层)个数： 2

总体范围： 1 到 200　[统计层]　[生成编号]　**整群抽样结果**　[整群抽样抽取]

编号	名称	群(层)名	备注	是否抽中 [清空标记]
1	鸡2	群8		
2	鸡2	群6		抽中
3	鸡3	群6		抽中
4	鸡4	群3		
5	鸡5	群4		
6	鸡6	群6		
7	鸡7	群1		
8	鸡8	群6		
9	鸡9	群2		
10	鸡10	群6		
11	鸡11	群1		
12	鸡12	群5		
13	鸡13	群1		
14	鸡14	群8		
15	鸡15	群6		
16	鸡16	群10		
17	鸡17	群9		
18	鸡18	群1		
19	鸡19	群10		
20	鸡20	群4		
21	鸡21	群6		抽中
22	鸡22	群1		
23	鸡23	群1		
24	鸡24	群6		抽中
25	鸡25	群5		

抽取编号	抽取名称	抽取群(层)名 抽取备注
2	鸡3	群6
3	鸡3	群6
21	鸡21	群6
24	鸡24	群6
33	鸡33	群6
40	鸡40	群6
41	鸡41	群2
45	鸡45	群6
46	鸡46	群6
47	鸡47	群2
58	鸡58	群2
59	鸡59	群2
67	鸡67	群6
68	鸡68	群6
81	鸡81	群6
86	鸡86	群6
90	鸡90	群6
91	鸡91	群6
103	鸡103	群2
107	鸡107	群2
108	鸡108	群2
111	鸡111	群6
113	鸡113	群2
117	鸡117	群6
122	鸡122	群2

〉 〉| 调查设计　抽样设计　简单随机抽样　系统抽样　分层抽样　整群抽样　多阶段抽样　PPS抽样　掌握流行率的抽样　证明

图 6-29　整群抽样结果

在图 6-29 中，总体共有 10 群（层），当要抽取 2 群（层）时，软件会随机抽取 2 群（层），例如软件抽取了群（层）2 和群（层）6，于是系统就会将群（层）2 和群（层）6 的所有个体全部抽中。

6.3.5 多阶段抽样

选择"多阶段抽样"后，填入总体规模大小，可自动生成编号，然后将需要抽样的动物名称、层名和备注粘贴到名称、层名和备注三列，接着输入需要抽取的层个数和每层需要抽取的个数，系统会判断每层抽取的个数不能大于总体最小的层个体数量，并自动计算样本数量，然后点击多阶段抽样抽取，软件会按照多阶段抽样方法抽取需要的样本，并将结果展示到抽取区域，如图 6-30 所示。

总体规模：		200	总体群(层)数：		10	生成层	读取编号	需要抽取的群(层)个数：			6	每层抽取个数：		11	抽样样本个数：		66
总体范围：		1	到		200	统计层	生成编号	多阶段抽样结果				多阶段抽样抽取					

编号	名称	层名	备注	是否抽中	清空标记		抽取编号	抽取名称	抽取层名	抽取备注
1	名称2	层9					2	名称2	层8	
2	名称2	层8					9	名称9	层6	
3	名称3	层9		抽中			12	名称12	层1	
4	名称4	层3					17	名称17	层2	
5	名称5	层4					19	名称19	层10	
6	名称6	层6					20	名称20	层8	
7	名称7	层4					34	名称34	层8	
8	名称8	层3					36	名称36	层8	
9	名称9	层6		抽中			37	名称37	层6	
10	名称10	层7					38	名称38	层7	
11	名称11	层8					41	名称41	层10	
12	名称12	层1		抽中			43	名称43	层7	
13	名称13	层7					48	名称48	层6	
14	名称14	层9					53	名称53	层6	
15	名称15	层7					54	名称54	层1	
16	名称16	层5					56	名称56	层7	
17	名称17	层2		抽中			59	名称59	层7	
18	名称18	层5					60	名称60	层7	
19	名称19	层10		抽中			62	名称62	层10	
20	名称20	层8		抽中			64	名称64	层7	
21	名称21	层4					65	名称65	层10	
22	名称22	层5					67	名称67	层7	
23	名称23	层6					70	名称70	层8	
24	名称24	层7					72	名称72	层6	
25	名称25	层1					74	名称74	层6	
26	名称26							名称	层10	

调查设计　抽样设计　简单随机抽样　系统抽样　分层抽样　整群抽样　多阶段抽样　PPS抽样　掌握流行率的抽样　证明…　＋

图 6-30 多阶段抽样结果

如图 6-30，软件第一阶段会自动在 10 层中抽取 6 层，第二阶段会在已经选中的 6 层中，每层随机抽取 11 个，共计抽取 66 个，最后将抽取结果展示在抽取区域。

6.3.6 PPS 抽样

选择"PPS 抽样"后，填入总体规模大小，可自动生成编号，然后将需要抽样的动物名称、层名和备注粘贴到名称、层名和备注三列，接着输入需要抽取的层个数和每层需要抽取的个数，系统会判断每层抽取的个数不能大于总体最小的层个体数量，并自动计算样本数量，然后点击 PPS 抽样抽取，软件会按照 PPS 抽样方法抽取需要的样本，并将结果展示到抽取区域，如图 6-31 所示。

总体规模：	200	总体群(层)数：	4	生成层	读取编号	需要抽取的群（层）个数		每层抽取个数：	10	抽取样本个数：	40
总体范围：	1	到	200	统计层	生成编号	多阶段抽样结果		PPS抽样抽取			

编号	名称	层名	备注	是否抽中		抽取编号	抽取名称	抽取层名	抽取备注		层名	选择号码序号	入样单元是否抽中
1	名称2	层2			清空标记	6	名称6	层2			层2	1	
2	名称2	层2				8	名称8	层2			层2	2	
3	名称3	层2				14	名称14	层2			层2	3	
4	名称4	层2				18	名称18	层2			层2	4	抽中
5	名称5	层2				24	名称24	层2			层2	5	
6	名称6	层2		抽中		41	名称41	层2			层2	6	
7	名称7	层2				55	名称55	层2			层2	7	
8	名称8	层2		抽中		59	名称59	层2			层2	8	
9	名称9	层2				78	名称78	层2			层2	9	
10	名称10	层2				79	名称79	层2			层2	10	
11	名称11	层2				82	名称82	层2			层2	11	
12	名称12	层2				86	名称86	层2			层2	12	
13	名称13	层2				87	名称87	层2			层2	13	
14	名称14	层2		抽中		89	名称89	层2			层2	14	抽中
15	名称15	层2				94	名称94	层2			层2	15	
16	名称16	层2				97	名称97	层2			层2	16	
17	名称17	层2				113	名称113	层2			层2	17	
18	名称18	层2		抽中		114	名称114	层2			层2	18	
19	名称19	层2				116	名称116	层2			层2	19	
20	名称20	层2				117	名称117	层2			层2	20	
21	名称21	层2				121	名称121	层2			层2	21	
22	名称22	层2				122	名称122	层2			层2	22	
23	名称23	层2				123	名称123	层2			层2	23	
24	名称24	层2		抽中		133	名称133	层2			层2	24	抽中
25	名称25	层2				139	名称139	层2			层2	25	

调查设计　抽样设计　简单随机抽样　系统抽样　分层抽样　整群抽样　多阶段抽样　PPS抽样　掌握流行率的抽样　证明 ···

图 6-31　PPS抽样结果

如图 6-31，软件首先会统计总体每层的个体数量，然后按照每层数量比例顺序生成要抽样本个数的序号，再利用系统抽样抽取层个数，并反过来判断每层入选单元数，再次利用简单随机抽样在选中的层中抽取已计算的每层个数，并将结果展示在抽取区域。

6.4　样本量的计算

兽医流行病学调查工具包软件实现了部分样本量计算方法，包括掌握流行率的抽样、证明无疫或发现疫病的抽样、比较比例的抽样、以风险为基础的抽样样本量计算，具体如下。

6.4.1　掌握流行率的抽样样本量计算

选择"掌握流行率的抽样"后，根据群是无限群还是有限群，填入相应的参数，系统会自动计算出样本量，如图 6-32 所示。

简单随机抽样		
（1）无限群抽样样本量计算	（2）有限群抽样样本量计算	
计算公式 $n = \dfrac{p(1-p) \times z^2}{e^2}$	计算公式 $n = \dfrac{p(1-p) \times z^2}{e^2}$ $n_a = \dfrac{n}{1+\dfrac{n}{N}}$	
预期流行率 p 5%	预期流行率 p	30%
置信水平 z 95%	置信水平 z	95%
可接受绝对误差 e 2%	可接受绝对误差 e	5%
	群体大小 N	6 239
无限群抽样样本量 n 457	有限群抽样样本量 n_a	307

图 6-32　掌握流行率的抽样样本量计算

如图 6-32 所示，无限群中输入预期流行率 5%，置信水平 95%，可接受绝对误差 2%，系统会自动计算出样本量至少为 457；在有限群中输入预期流行率 30%，置信水平 95%，可接受绝对误差 5%，群体大小为 6 239 时，系统会自动计算出样本量至少为 307。同时软件还会检测参数是否为正确取值，当参数设置错误时，软件会自动赋为默认值。

6.4.2　证明无疫或发现疫病的抽样样本量计算

选择"证明无疫或发现疫病的抽样"后，根据群是无限群还是有限群，是否考虑诊断试验，填入相应的参数，系统会自动计算出样本量，如图 6-33 所示。

简单随机抽样		
（1）无限群抽样样本量计算	（2）有限群抽样样本量计算	
①不考虑诊断试验	①不考虑诊断试验	
计算公式 $n = \dfrac{\ln(\alpha)}{\ln(1-p)}$	计算公式 $n = [1-(1-CL)^{\frac{1}{D}}](N-\dfrac{D \times Se-1}{2})$	
可接受误差 α 5%	置信水平 CL 95%	
预期流行率 p 10%	预期流行率 p 4%	阳性动物数 D 20
	群体大小 N 512	
无限群抽样样本量 n 29	有限群抽样样本量 n 69	
②考虑诊断试验	②考虑诊断试验	
计算公式 $n = \dfrac{\ln(\alpha)}{\ln(1-p \times Se)}$	计算公式 $n = \dfrac{[1-(1-CL)^{\frac{1}{D}}](N-\dfrac{D \times Se-1}{2})}{Se}$	
可接受误差 α 5%	置信水平 CL 95%	
预期流行率 p 5%	预期流行率 p 1%	阳性动物数 D 100
诊断实验敏感性 Se 90%	诊断实验敏感性 Se 90%	
	群体大小 N 10 000	
无限群抽样样本量 n 66	有限群抽样样本量 n 327	

图 6-33　证明无疫或发现疫病的抽样样本量计算

如图 6-33 所示，无限群考虑诊断试验中，输入预期流行率 5%，诊断试验敏感性 90%，可接受绝对误差 5%，系统会自动计算出样本量至少为 66；在有限群考虑诊断试验中，输入预期流行率 1%，置信水平 95%，诊断试验敏感性 90%，群体大小为 10 000 时，系统会自动计算出样本量至少为 327。同时软件还会检测参数是否为正确取值，当参数设置错误时，软件会自动赋为默认值。

6.4.3　比较比例的抽样样本量计算

选择"比较比例的抽样"后，填入相应的参数，系统会自动计算出样本量，如图 6-34 所示。

比较比例的抽样样本量计算		
计算公式：	$n = \dfrac{\left[Z_\alpha \sqrt{2pq} + Z_\beta \sqrt{p_1 q_1 + p_2 q_2} \right]^2}{(p_1 - p_2)^2}$	
群体1的预期流行率　p_1	4%	
群体2的预期流行率　p_2	7%	
置信水平　α	95%	Z_α　1.959 964
检验效度　β	90%	Z_β　1.281 552
预期流行率　p	6%	
$1-p_1$　q_1	96%	
$1-p_2$　q_2	93%	
$1-p$　q	95%	
无限群抽样样本量　n	1 212	

图 6-34　比较比例的抽样样本量计算

如图 6-34 所示，群体 1 和群体 2 的预期流行率分别为 4% 和 7%，输入置信水平为 95%，检验效度为 90%，系统会自动计算出预期流行率及其他中间变量，最终利用公式可以计算出样本量至少为 1 212。同时软件还会检测参数是否为正确取值，当参数设置错误时，软件会自动赋为默认值。

6.4.4　以风险为基础的抽样样本量计算

选择"以风险为基础的抽样"后，填入相应的参数，系统会自动计算出样本量，如图 6-35 所示。

如图 6-35 所示，输入目标群大小 2 000，相对风险值为 3，目标群中高风险所占比例为 30%，样本中高风险群所占比例为 60%，预定流行率为 2%，试验敏感性为 80%，置信水平为 95%，系统会自动计算其他参数值，最终计算出以风险为基础的抽样样本量至少为 132，按照样本中高风险群所占比例为

以风险为基础的抽样样本量计算		
计算公式：	$n = \dfrac{[1-(1-CL)^{\frac{1}{D}}](N-\frac{D \times Se-1}{2})}{Se}$	
目标群大小	N	2 000
相对风险值	RR	3
目标群中高风险群所占比例	PPr_H	30%
样本中高风险群所占比例	Pr_H	60%
预定流行率	P^*	2% 阳性动物数 D　40
试验敏感性	Se	80%
置信水平	CL	95%
高风险群校正后的风险	AR_H	1.88
低风险群校正后的风险	AR_L	0.63 $AR_i = \dfrac{RR_i}{\sum(RR_i \times PPr_i)}$
目标群中低风险群所占比例	PPr_L	70%
样本中低风险群所占比例	Pr_L	40%
高风险群校正后的流行率	P_H^*	3.75%
低风险群校正后的流行率	P_L^*	1.25%
校正后的预定流行率	P_a^*	2.75% $P_a^* = Pr_H \times P_H^* + Pr_L \times P_L^*$
以风险为基础的抽样样本量	n	132
高风险群抽取样本		80
低风险群抽取样本		52
采用代表性抽样的样本量	n^*	179
节约比例		26.26%

图 6-35　以风险为基础的抽样样本量计算

60%，则高风险群的抽取样本为 80，低风险群抽取样本为 52，而采用代表性抽样的样本量至少为 179，可以减少 26.26% 的样本量。同时软件还会检测参数是否为正确取值，当参数设置错误时，软件会自动赋为默认值。

6.5　兽医流行病学调查问卷的收集

兽医流行病学调查工具包软件实现了 15 套常见流行病学调查问卷的数据录入、分析功能，包括反刍动物（牛、羊、骆驼、鹿）_____（病）紧急流行病学调查表、猪_____（病）紧急流行病学调查表、禽（鸡、鸭、鹅）_____（病）紧急流行病学调查表、农贸市场/畜禽批发市场_____（病）紧急流行病学调查表、家禽养殖场免疫信息调查表、临床巡查牛群登记表、牛海绵状脑病普查采样单等 15 套常见流行病学调查问卷的数据录入、分析功能，具体如下。

6.5.1　提交调查表

进入调查设计页面，可以选择调查种类，如图 6-36 所示。

兽医流行病学工具包　调查设计

流行率调查		
当地信息		
家畜种类	猪	▼
调查种类	屠宰场/点（病）紧急流行病学调	▼
群体大小	200	
置信水平	95%	▼
可接受的绝对误差	7%	▼
预期流行率	3%	▼
样本量（n）	21	
调查表编号：	调查表6	

调查表6

无疫调查		
当地信息		
家畜种类	反刍动物（牛、羊、骆驼、鹿）	▼
调查种类	紧急流行病	▼
群体大小	3000	
置信水平	95%	▼
试验的敏感性	7%	▼
预定流行率	3%	▼
样本量（n）	1402	
调查表编号：	调查表1	

调查表1

图 6-36　调查种类选择界面

可以进行流行率调查及无疫调查方案设计，通过选择家畜种类、调查种类，可自动加载调查表（一共有 15 张表），输入群体大小，选择置信水平、可接收的绝对误差、预期流行率，可自动计算出样本量，单击调查表按钮，便可自动跳转到相应的调查表，如图 6-37、图 6-38、图 6-39、图 6-40所示。

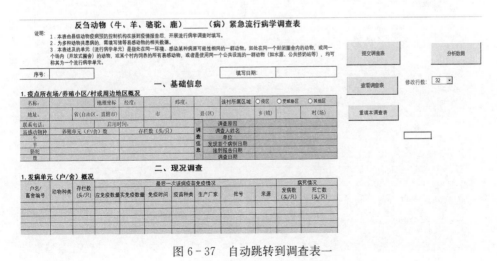

图 6-37　自动跳转到调查表一

2. 疫点发病过程

自发现之日起	新发病数	新病死数
第1日		
第2日		
第3日		
第4日		
第5日		
第6日		
第7日		
第8日		
第9日		
第10日		
		（用于计算袭击率）

3. 诊断情况

初步诊断	临床症状：							
	病理变化：							
	初步诊断结果：			诊断人员：				
	诊断日期：							
实验室诊断	样品类型	数量	采样时间	送样单位	检测单	检测方法	阳性样品数	
诊断结果	疑似诊断：			确诊结果：				

4. 疫情传播及疫点地理特征

村/场名：		最初发病时间：		传播途径：	
存栏数：		发病数：		死亡数：	
疫点周围地理特征：					

5. 当地疫病史 （请填写在下框内）

图 6-38 调查表一录入界面一

三、疫病可能来源调查（追溯）

备注：疫点发现第一病例前1个潜伏期内的可能来源途径进行调查。

可能来源途径	详细信息
□家畜引进情况（种类、年龄、数量、用途和相关时间、地点等）	
□易感动物产品购进情况	
□饲料调入情况	
□水源	
□本场/户人员到过其他养殖场/户或活畜交易市场情况	
□配种情况	
□放牧情况	
□公共奶站挤奶情况	
□营销人员、兽医及其他相关人员到过本场/户的情况	
□外来车辆进入或本场车辆外出的情况	
□与野生动物接触过情况	
□其他	

四、疫病可能扩散范围调查（追踪）

备注：疫点发现第一病例前1个潜伏期至封锁之日内，对以上时间进行调查。

可能事件	详细信息
□家畜调出情况(数量、用途及时间、地点	
□配种	
□参展情况	
□公共牧场放牧情况	
□公共奶站挤奶情况	
□与野生动物接触过情况	
□兽医巡诊情况	
□相关人员外出与易感动物接触情况	
□其他	

图 6-39 调查表一录入界面二

五、疫情处置情况

处置情况		详细信息
疫点处置	扑杀动物数 ☐	
	无害化处理动物数 ☐	
	消毒情况(频次、药名、面积) ☐	
	隔离封锁措施(时间、范围) ☐	
	其他 ☐	
疫区防控	封锁时间、范围等 ☐	
	扑杀易感动物数 ☐	
	无害化处理数 ☐	
	消毒情况(频次、药名、面积) ☐	
	紧急免疫数 ☐	
	监测情况 ☐	
	其他 ☐	
受威胁区防控	免疫数 ☐	
	消毒情况 ☐	
	监测情况 ☐	
	其他 ☐	
其他处置	(如市场关闭等) ☐	

填表人姓名: [　　　　　]　　　　　　联系电话: [　　　　　]

填表单位(签章)　　　　　　省级动物疫病预防控制机构复核(签章)

[提交调查表]

图6-40　调查表一录入界面三

填写完问卷之后，单击提交调查表按钮，数据就自动提交到记录表中，数据已经经过格式化，如图6-41所示。

		名称	地理坐标		该村所属区域	地址					联系电话	启用时间	易感牛		易感羊		易
清除记录表			经度	纬度	疫区1/受威胁2/其他3	省	市	县(区)	乡(镇)	村(场)			牛户数	牛存栏数	羊户数	羊存栏数	骆驼户数
1	2017/4/25	地区1	114.367923	30.562458	1	湖北省	武汉市	武昌区	水果湖街办事处	东湖路社区居委会	12345678900	2012/3/1	2	150	2	500	1
2	2017/4/24	地区2	114.343115	30.546926	1	湖北省	武汉市	武昌区	水果湖街办事处	北环路社区居委会	123344444	2011/7/1	1	200	3	600	1
3	2017/4/24	地区3	114.340431	30.539932	2	湖北省	武汉市	武昌区	水果湖街办事处	武铁社区居委会	1234567890	2014/4/4	2	500	1	250	1
4	2017/4/23	地区4	114.348569	30.541729	3	湖北省	武汉市	武昌区	水果湖街办事处	茶港社区居委会	1234567890	2015/8/8	1	200	2	500	1
5	2017/4/24	地区5	114.365918	30.530389	1	湖北省	武汉市	武昌区	珞珈山街办事处	风光村社区居委会	1234567890	2015/9/9	2	430	2	300	1
6	2017/4/22	地区6	114.358369	30.544568	1	湖北省	武汉市	武昌区	珞珈山街办事处	水生社区居委会	1234567890	2013/3/3	2	180	2	300	1
7	2017/4/20	地区7	114.348874	30.547572	2	湖北省	武汉市	武昌区	放鹰台社区办事处	放鹰台社区居委会	1234567890	2017/1/1	2	400	2	400	1
8	2017/4/18	地区8	114.356994	30.567618	3	湖北省	武汉市	武昌区	水果湖街办事处	岳家嘴社区居委会	1234567890	2012/9/1	2	300	2	400	

图6-41　提交后格式化的数据

6.5.2　查看调查表

如图6-42所示，在调查表一的右上角，会自动提取已经提交的格式化后的数据，并将数据所在行数枚举到下拉框中，用户可以选择需要查看或者修改的行，单击查看调查表按钮，便可以将记录表中的数据显示回调查问卷中，再次进行修改，如图6-43

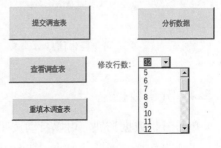

图6-42　查看调查表功能

所示。

反刍动物（牛、羊、骆驼、鹿）_____（病）紧急流行病学调查表

说明：
1. 本表由县级动物疫病预防控制机构在接到疫情报告后，开展流行病学调查时填写。
2. 为多种动物共患病的，需填写猪等易感动物的相关数据。
3. 本表述及的单元（流行病学单元）是指处在同一环境、感染某种病原可能性相同的一群动物。如处在同一个封闭圈舍内的动物，或同一个场内（开放式圈舍）的动物，或某个村内饲养的所有易感动物，或者是使用同一个公共设施的一群动物（如水源、公共挤奶站等），均可称其为一个流行病学单元。

| 序号： | 5 | | | 填写日期： | 2017/4/24 0:00 |

一、基础信息

1. 疫点所在场/养殖小区/村或周边地区概况

名称：	地区5		地理坐标	经度：	114.365918	纬度：	30.530389	该村所属区域	◉疫区	○受威胁区	○其他区
地址：	湖北省	省(自治区、直辖市)	武汉市	市	武昌区	县(区)	珞珈山街办事处	风光村社区居委会	乡(镇)		村(场)
联系电话：	1234567890		启用时间：	2015/9/9 0:00		调查信息	调查原因		反刍动物紧急调查		
易感动物种	养殖单元(户/舍)数		存栏数(头/只)				调查人姓名		王		
牛	2		430				单位		县防疫站		
羊	2		300				发现首个病例日期		2017/3/20		
骆驼							接到报告日期		2017/3/22		
鹿	1		100				调查日期		2017/3/25		

二、现况调查

1. 发病单元（户/舍）概况

户名/畜舍编号	动物种类	存栏数(头/只)	最后一次该病疫苗免疫情况							病死情况	
			应免疫数量	实免疫数量	免疫时间	疫苗种类	生产厂家	批号	来源	发病数(头/只)	死亡数(头/只)

图6-43 数据回显功能

6.5.3 重填调查表

如果数据填写错误太多，可以单击重填本调查表按钮，快速清空本调查表，如图6-44、图6-45所示。

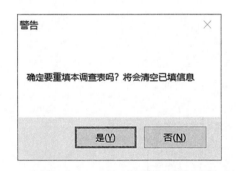

图6-44 重填问卷警告信息　　　　图6-45 重填问卷，清空问卷成功

6.5.4 分析数据

单击分析数据按钮，可以自动按照已有分析模板及框架进行数据分析，并自动生成报告页，如图6-46、图6-47、图6-48、图6-49所示。

1	2017/4/25	地区1	114.367923	30.562458		湖北省	武汉市	武昌区	水果湖街办事处	东湖路社区居委会				2012/3/1	2	150	2	500	1
2	2017/4/24	地区2	114.343115	30.546926	1	湖北省	武汉市	武昌区	水果湖街办事处	北环路社区居委会	WPS表格		×	2011/7/1	1	200	3	600	1
3	2017/4/22	地区3	114.340431	30.539932		湖北省	武汉市	武昌区	水果湖街办事处	武铁社区居委会	分析完毕!			2014/4/4	2	500	1	250	1
4	2017/4/23	地区4	114.348569	30.541729	3	湖北省	武汉市	武昌区	水果湖街办事处	茶港社区居委会				2015/8/8	1	200	2	500	0
5	2017/4/21	地区5	114.365918	30.530389	1	湖北省	武汉市	武昌区	珞珈山街办事处	风光村社区居委会		确定		2015/9/9	2	430	2	300	0
6	2017/4/20	地区6	114.356369	30.544568		湖北省	武汉市	武昌区	珞珈山街办事处	水土村社区居委会				2013/3/3	2	180	2	300	1
7	2017/4/20	地区7	114.346874	30.547572	3	湖北省	武汉市	武昌区	水果湖街办事处	放鹰台社区居委会				2017/1/1	2	400	2	400	1
8	2017/4/18	地区8	114.356994	30.567618		湖北省	武汉市	武昌区	水果湖街办事处	岳家嘴社区居委会				2012/9/1	2	300	2	400	1

图 6-46 选择需要分析的记录

当地疫病史	地区2：12年甲病流行 地区3：无 地区4：12年甲病流行 地区6：12年甲病流行				
	疫区	受威胁区	其他	总计	
村数	3	1	2	6	
	牛	羊	骆驼	鹿	总计
养殖场数	13	15	14	14	56
存栏数	2360	2760	2440	2400	9960

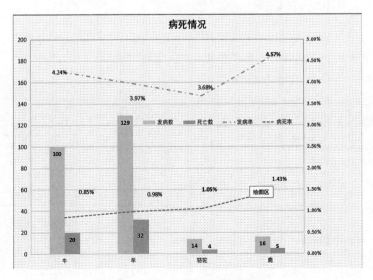

图 6-47 自动生成基本统计信息

图 6-48 自动生成病死情况

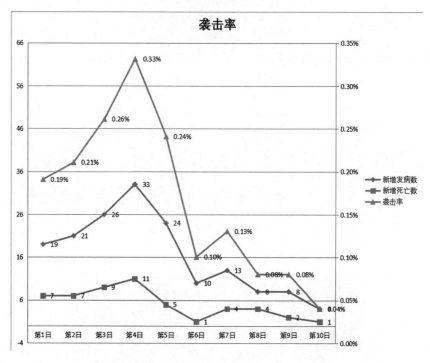

图 6 - 49　自动生成袭击率

6.5.5　导出记录表数据

当一项调查完成后，可以使用导出记录表数据功能将记录表数据进行备份，系统会自动在备份文件夹中以当前日期命名生成备份文件，用户可以将备份文件提交给上级部门，进而可以进行数据合并。具体使用如图 6 - 50 所示。

然后，系统会在备份文件夹中生成备份文件，如图 6 - 51 所示。

6.5.6　合并数据

当收集了备份记录表文件以后，可以使用合并数据功能，将合并文

图 6 - 50　单击"导出记录表数据"

名称	修改日期	类型	大小
记录表_2022_02_06_20_07_45.xlsx	2022/2/6 20:07	XLSX 工作表	807 KB
记录表_2022_02_05_15_36_32.xlsx	2022/2/5 15:36	XLSX 工作表	812 KB

图6-51　记录表备份数据

件夹下的所有记录表文件数据按调查表依次合并，首先选择调查设计工作表，然后单击合并数据按钮，系统会弹出选择需要合并记录表的文件夹对话框，具体使用如图6-52所示。

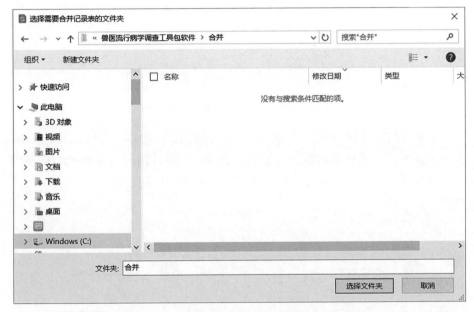

图6-52　选择需要合并记录表的文件夹对话框

单击选择文件夹之后，系统会自动将该文件夹下的所有记录表文件自动合并，最终生成合并OK.xlsx文件，如图6-53所示。

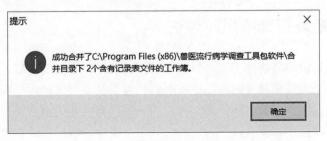

图6-53　成功合并记录表文件提示

6.5.7　导入记录表数据

当合并成功以后，可以再次将合并好的数据导入到系统中进行查看和分析，单击导入记录表数据按钮后，系统会弹出选择导入数据方式对话框，如图 6-54 所示。

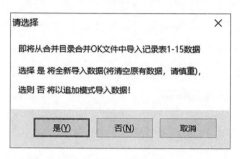

图 6-54　选择导入数据方式对话框

选择"是"，将全新导入数据（清空原有数据）；选择"否"，则以追加模式（保留原有数据）导入数据；选择"取消"，则取消导入数据操作。选择"是"或"否"以后，系统将导入数据，并提示导入完成。如图 6-55、图 6-56 所示。

图 6-55　全新导入数据完成提示

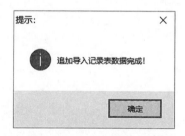

图 6-56　追加导入数据完成提示

6.6　养殖场口蹄疫风险评估

动物疫病风险分析作为畜牧兽医主管部门防范动物疫病区域性发生、发展及流行，甚至大规模暴发的预防性管理的一种工具，在区域内动物疫病日常管理过程中，起到预报警示的作用，可以为区域内畜牧业的稳步快速发展提供保障，同时保障畜产品安全以及人们的公共卫生安全。因此，动物疫病风险分析成为动物疫病防控工作、畜牧业可持续发展及维护公共卫生安全的重要工具。

动物疫病风险分析，包括动物疫病风险因素的确定、风险评估、风险管理与风险交流四个环节。风险评估作为动物疫病风险分析的基础，其方法有三种：动物疫病风险定性评估、动物疫病风险定量评估、动物疫病风险定性和定量评估。通过对风险因素（病原微生物稳定性，温度、光照、辐射对病原微生物的影响，以往或者周边疫情，动物疫病监测和流行病学调查能力，病死畜禽无害化处理是否到位，日常消毒制度和畜产品流通监督）进行风险评估指标评价，建立动物疫病风险评估模型，以便能对动物疫病进行风险水平的综合评定。

兽医流行病学调查工具包软件根据现场调查、经验判断、Delphi 专家咨询、专家评议、风险矩阵分析等方法，确定了规模牛羊场动物疫病风险因素；采用两两比较法和层次分析法，分别计算出各项风险因子的组合权重系数，构建规模牛羊场动物疫病风险评估模型。利用 VBA 技术，实现口蹄疫风险评估方式 1 和方式 2，方便专家对规模牲畜场进行风险评估。具体如下。

6.6.1　口蹄疫风险评估方式 1

利用 VBA 技术，实现口蹄疫风险评估方式 1，通过选取 38 个能影响口蹄疫风险事件发生的潜在因素，通过专家对这些风险因素进行分析和评估，以量化口蹄疫发生的可能性及严重程度。专家通过对 38 个影响因素进行判断，选择符合要求、基本符合或不符合，然后单击风险评估按钮，后台程序会根据专家选择的结果，对该规模场口蹄疫发生的风险做出“高风险”“中风险”“低风险”的判断，从而促使该规模场管理人员采取相应的措施进行防范，如图 6 - 57 至图 6 - 61 所示。

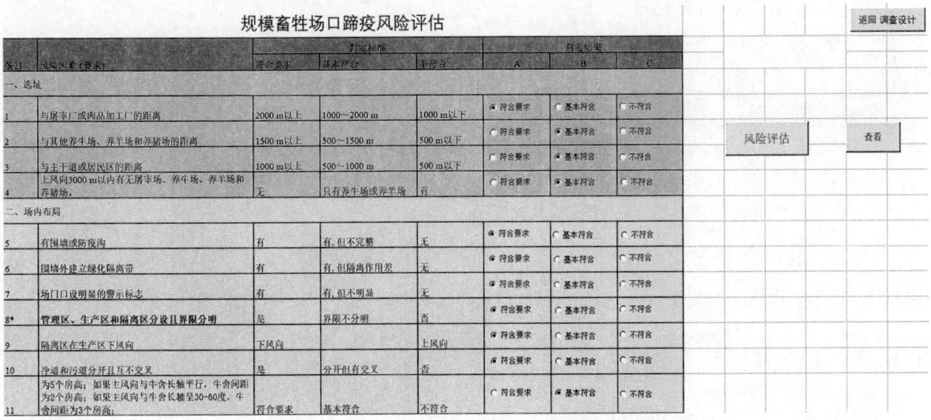

条目	风险因素（要求）	判定标准			判定结果		
		符合要求	基本符合	不符合	A	B	C
一、选址							
1	与屠宰厂或肉品加工厂的距离	2000 m以上	1000～2000 m	1000 m以下	● 符合要求	○ 基本符合	○ 不符合
2	与其他养牛场、养羊场和养猪场的距离	1500 m以上	500～1500 m	500 m以下	○ 符合要求	● 基本符合	○ 不符合
3	与主干道或居民区的距离	1000 m以上	500～1000 m	500 m以下	○ 符合要求	● 基本符合	○ 不符合
4	上风向3000 m以内有无屠宰场、养牛场、养羊场和养猪场，	无	只有养牛场或养羊场	有	○ 符合要求	● 基本符合	○ 不符合
二、场内布局							
5	有围墙或防疫沟	有	有，但不完整	无	● 符合要求	○ 基本符合	○ 不符合
6	围墙外建立绿化隔离带	有	有，但隔离作用差	无	● 符合要求	○ 基本符合	○ 不符合
7	场门口设明显的警示标志	有	有，但不明显	无	● 符合要求	○ 基本符合	○ 不符合
8*	**管理区、生产区和隔离区分设且界限分明**	是	界限不分明	否	● 符合要求	○ 基本符合	○ 不符合
9	隔离区在生产区下风向	下风向		上风向	● 符合要求	○ 基本符合	○ 不符合
10	净道和污道分开且互不交叉	是	分开但有交叉	否	● 符合要求	○ 基本符合	○ 不符合
11	为5个房高；如果主风向与牛舍长轴平行，牛舍间距为2个房高；如果主风向与牛舍长轴呈30-60度，牛舍间距为3个房高；	符合要求	基本符合	不符合	○ 符合要求	● 基本符合	○ 不符合

图 6 - 57　口蹄疫风险评估方式 1 界面 1

兽医流行病学调查手册

12	场内道路应硬化	是	部分硬化	否	○符合要求 ●基本符合 ○不符合
13	展示厅和装牛台在生产区边、有专用出口	符合要求	基本符合	不符合	○符合要求 ●基本符合 ○不符合
三、设施设备					
14	牛羊场入口处设消毒池，且消毒池的长度和消毒液的深度能保证入场车轮外沿全部浸没在消毒液中	是	有，但作用差	否	●符合要求 ○基本符合 ○不符合
15	牛舍地面、墙面便于清洗消毒	是	部分达到要求	否	●符合要求 ○基本符合 ○不符合
16	有废弃物(粪便、污水、垫料等)无害化处理设施	有	不完善	无	●符合要求 ○基本符合 ○不符合
17*	场内运输车辆专用且不出场外	是	执行不严	否	●符合要求 ○基本符合 ○不符合
18	有防鸟、防鼠害设施	有	不完善	无	●符合要求 ○基本符合 ○不符合
19	有引种隔离圈舍	有	使用不当	否	●符合要求 ○基本符合 ○不符合
20	各功能区之间交通口设消毒设施，且有专用衣、帽、鞋等存放处。	是	不完善	否	●符合要求 ○基本符合 ○不符合
四、饲养管理及卫生防疫					
21	本场实行自繁自养	是	部分自繁自养	否	●符合要求 ○基本符合 ○不符合
22*	建立场外人员禁入生产区等防疫制度并严格执行	是	执行不严	否	●符合要求 ○基本符合 ○不符合
23	建立场区内、舍内环境及工具车辆定期消毒制度	是	执行不严	否	●符合要求 ○基本符合 ○不符合
24	建立污染物无害化处理制度	是	执行不严	否	●符合要求 ○基本符合 ○不符合
25	建立工作人员自身消毒制度	是	执行不严	否	●符合要求 ○基本符合 ○不符合

图 6-58 口蹄疫风险评估方式 1 界面 2

26	完善投入品、药品使用记录	是	记录不完整	否	●符合要求 ○基本符合 ○不符合
27	工作人员进入各功能区穿专用服装并按规定消毒	是	执行不严	否	●符合要求 ○基本符合 ○不符合
28*	牛羊兽医人员不对外诊疗，种牛不对外配	是	执行不严	否	●符合要求 ○基本符合 ○不符合
29	场内不饲养其他畜禽动物	是		否	●符合要求 ○基本符合 ○不符合
五、免疫					
30	有固定而适用的免疫程序	有	有，但不太适用	无	●符合要求 ○基本符合 ○不符合
31	按免疫程序及时免疫	是	免疫不及时	否	●符合要求 ○基本符合 ○不符合
32	免疫方法、剂量符合要求	符合要求	基本符合	不符合	●符合要求 ○基本符合 ○不符合
33	有存放疫苗的冷藏设备	有	条件简陋	无	●符合要求 ○基本符合 ○不符合
34**	整个种群口蹄疫免疫抗体水平合格率	80%以上	70%~80%	70%以下	●符合要求 ○基本符合 ○不符合
35	其他重点疫病免疫抗体水平保持在有效范围	符合要求	基本符合	不符合	●符合要求 ○基本符合 ○不符合
六、疫情发生史					
36***	本场口蹄疫病原学检测结果	PCR检测阴性	3ABC-ELISA检测阳性	PCR检测阳性	●符合要求 ○基本符合 ○不符合 风险评估
37	本场口蹄疫发病史	无	半年前曾有	半年内曾有	●符合要求 ○基本符合 ○不符合
38	本地区口蹄疫发病史	无	一年前曾有	一年内曾有	●符合要求 ○基本符合 ○不符合

图 6-59 口蹄疫风险评估方式 1 界面 3

专家判断结果全部完成以后，单击风险评估按钮，可以自动得到该规模场的风险评估结果。

6.6.2 口蹄疫风险评估方式 2

利用 VBA 技术实现口蹄疫风险评估方式 2，根据各种不同的风险因素在口蹄疫发生过程中所起作用的重要程度不同，利用层次分析法计算出各种风险

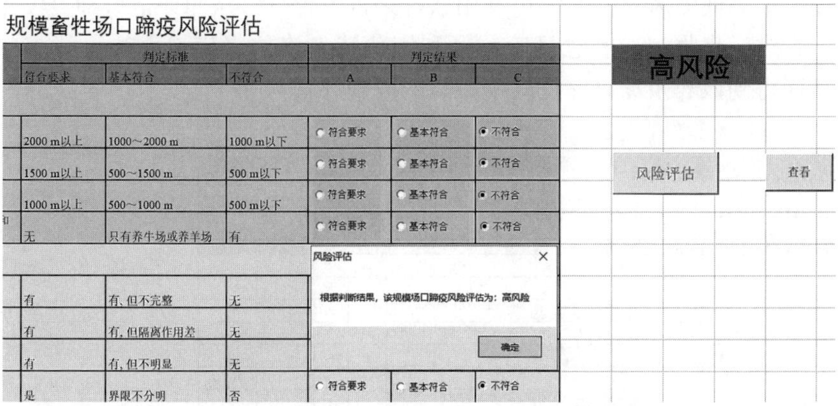

规模畜牲场口蹄疫风险评估　　　　　　　　　　　　　　　　　　高风险

判定标准			判定结果		
符合要求	基本符合	不符合	A	B	C
2000 m以上	1000～2000 m	1000 m以下	○符合要求	○基本符合	●不符合
1500 m以上	500～1500 m	500 m以下	○符合要求	○基本符合	●不符合
1000 m以上	500～1000 m	500 m以下	○符合要求	○基本符合	●不符合
无	只有养牛场或养羊场	有	○符合要求	○基本符合	●不符合
有	有、但不完整	无			
有	有、但隔离作用差	无			
有	有、但不明显	无			
是	界限不分明	否	○符合要求	○基本符合	●不符合

风险评估　　查看

风险评估 ×
根据判断结果，该规模口蹄疫风险评估为：高风险
确定

图 6-60　口蹄疫风险评估方式 1 界面 4

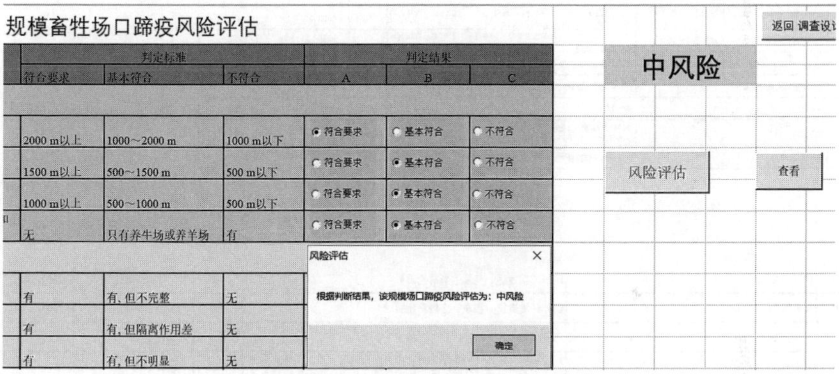

规模畜牲场口蹄疫风险评估　　　　　　　　　　返回 调查设计　　中风险

判定标准			判定结果		
符合要求	基本符合	不符合	A	B	C
2000 m以上	1000～2000 m	1000 m以下	●符合要求	○基本符合	○不符合
1500 m以上	500～1500 m	500 m以下	○符合要求	●基本符合	○不符合
1000 m以上	500～1000 m	500 m以下	○符合要求	●基本符合	○不符合
无	只有养牛场或养羊场	有	○符合要求	●基本符合	○不符合
有	有、但不完整	无			
有	有、但隔离作用差	无			
有	有、但不明显	无			

风险评估　　查看

风险评估 ×
根据判断结果，该规模场口蹄疫风险评估为：中风险
确定

图 6-61　口蹄疫风险评估方式 1 界面 5

因素权重值，结合评估依据与标准对各种风险因素在实际生产中的操作与执行情况进行综合评估，并赋予一定的分值。现场评估专家人数为奇数，每次不少于 7 人，现场评估专家对每一项进行客观评分，如图 6-62 至图 6-67 所示。专家实际打分＝权重值（C_i）×测量值（P_i），其中测量值为现场打分值，原则为：符合要求者打高分，否则打低分；测量值（P_i）为第 i 个评价指标的测量值，多个评估时，为所有专家对第 i 项评价指标测量值的平均值；综合评估指数（G_i）即为所有普通因素得分总和，最高为 100。根据综合评估指数的大小，确定口蹄疫发生风险等级：口蹄疫发生风险分为高度风险、中度风险和低度风险三级。综合评估指数<30，评估口蹄疫发生为高度风险。所选关键因素为优先评估因素，如果存在任何一项，综合评定风险级别即定为高度风险。综合评估指数 30～60，评估口蹄疫发生为中度风险。综合评估指数≥60，评估

口蹄疫发生为低度风险。专家可利用软件来进行评分，从而评估口蹄疫发生的风险，在进一步收集专家意见后，可利用蒙特卡洛仿真模拟方法进行多次模拟，从而得到该养殖场口蹄疫发生风险的准确评估。

规模畜牲场口蹄疫风险评估2

条目	影响因素	评估依据	符合/不符合	风险测量分数
**	本场家畜健康带毒但口蹄疫病康学检测结果呈阳性	所列关键因素不计权重值，为使先评估风险级别上就定为高度风险。	符合/不符合	55.8864
**	本场家畜未免疫口蹄疫疫苗		符合/不符合	
**	本场所在地及周边当前存在口蹄疫疫情		符合/不符合	

条目	影响因素	评估依据	打分最大值	权重值	测量值	实际得分
	一、场址、布局与设施设备		100	0.0227		1.8140
	（一）场址选择		100	0.0152		1.0640
1	与屠宰厂或肉品加工厂及其他性畜场的距离	距2000m以上、1000-2000m、1000m以下三个标准，兼顾各场之间的地理分布情况及其污染程度	40	0.0152	30	0.4560
2	与主干道或居民区的距离	距1000m以上、500-1000m、500m以下三个标准，兼顾居民区的分布情况	30	0.0152	20	0.3040
3	上风向有无屠草场或其他性畜场	兼顾与屠草场或其他性畜场的距离，分3000m以上、1000-3000m、1000m以下三个标准	30	0.0152	20	0.3040
	（二）场区布局		100	0.0055		0.5500
4	各功能区的分设	设置管理区、生产区、隔离区及废弃物处理区等且界限分明，兼顾各功能区与建筑间距离合理	25	0.0055	25	0.1375
5	洁净区与污染区的布局	道路硬化，场内净道和污道分开且不交叉，界限明确且生产执行过程中的严格程度	25	0.0055	25	0.1375
6	展示厅和装卸台的设置	展示厅和装卸台在生产区边缘并设有有用出口	25	0.0055	25	0.1375
7	各生产阶段猪舍的布局	配种舍、妊娠舍、产房、带仔母猪舍、保育舍、育成舍依次沿着顺风向逐渐过渡	25	0.0055	25	0.1375
	（三）设施设备		100	0.0020		0.2000
8	四周围墙或防疫沟、绿化隔离带的建立、警示标志的设置	性畜场围墙有符合的围墙或防疫沟、周边设立有绿化隔离带；场区入口设明的警示标志	25	0.0020	25	0.0500
9	生产区各入口及各功能区之间消毒设施的建立	出、入口处设有符合要求的消毒池、消毒通道、更衣室，并配有专用衣、帽、靴等	25	0.0020	25	0.0500
10	防风、防鼠、无害化处理设施的建立	设施建设的有无及完善程度	25	0.0020	25	0.0500
11	专用场及设备的设置	有存放病畜、饲料的专用场所，有场内专用运输车辆且不出场外	25	0.0020	25	0.0500
	二、饲养管理		100	0.0392		3.9200
12	饲养模式	坚持自繁自养和全进全出的饲养管理模式，如需引种，引入后对其采取符合标准要求的消毒、隔离、观察、检测等措施	100	0.0231	100	2.3100
13	营养情况	饲料符合性畜营养要求，性畜的营养状况良好	100	0.0063	100	0.6300

图6-62 口蹄疫风险评估方式2界面1

14	饲养密度	饲养密度合适，与其他畜禽无混养	100	0.0072	100	0.7200
15	其他因素	饲养环境良好，垫草、垫料符合要求	100	0.0026	100	0.2600
	三、隔离消毒		100	0.1097		5.3990
16	消毒制度	建立场内、舍内环境定期消毒制度并严格执行；建立工作人员自身消毒制度并严格执行；建立控制外来人员进入生产区管理制度	100	0.0129	100	1.2900
17	场地的设立	设有用于样品采集的场地	100	0.0060	100	0.6000
18	消毒情况	正确选用口蹄疫病毒敏感的消毒药进行消毒；动物入场运输所使用的车辆、饲料、垫料、排泄物及其它被污染物料等在动物运抵饲养场后，进行彻底消毒	100	0.0289	100	2.8900
19	疑似感染的处理	发现疑似口蹄疫感染动物，及时隔离；对患病动物停留过的地方和污染的器具进行消毒；遵守口蹄疫情报告制度；遵守口蹄疫应急处置原则及疫情扑灭制度	100	0.0619	10	0.6190
	四、免疫		100	0.0923		9.2300
20	免疫程序	制定有适合本场的免疫程序，按免疫程序及时免疫	100	0.0103	100	1.0300
21	疫苗质量	选择与流行毒株相同血清型的口蹄疫疫苗用于预防接种；疫苗的储存符合要求	100	0.0202	100	2.0200
22	免疫技术	免疫途径、剂量、免疫器具消毒正确、合理、规范及操作的严谨程度	100	0.0074	100	0.7400
23A	抗体水平（口蹄疫疫苗免疫抗体）	口蹄疫疫苗免疫抗体水平合格	70	0.0544	70	3.8080
23B	抗体水平（其他动物疫苗免疫抗体）	其他主要动物疫病疫苗免疫抗体水平在有效保护范围	30	0.0544	30	1.6320
	五、监测与净化		100	0.0595		1.9900
24	实验室及专业人员	牲畜场应建立兽医诊断实验室并具备满足需要的专业技术人员	100	0.0056	100	0.5600
25	监测方案	制定有科学的监测方案并严格执行	100	0.0099	100	0.9900
26	疫病净化	对口蹄疫及其主要动物疫病进行净化	100	0.0440	10	0.4400
	六、无害处理		100	0.2066		4.3880
27	制度的建立及执行情况	建立了污染物无害化处理制度并严格执行	100	0.0258	100	2.5800

图6-63 口蹄疫风险评估方式2界面2

28	处理情况	牲畜场对病死牲畜、扑杀牲畜及其产品、排泄物以及被污染或可能被污染的垫料、饲料和其它物品进行无害化处理；对牲畜场产生的污水、污物进行无害化处理	100	0.1808	10	1.8080
		七、疫病流行状况	100	0.3729		19.9560
29	本场情况	牲畜场近3年没有发生过口蹄疫；牲畜场目前没有其他动物疫病流行	100	0.2418	50	12.0900
30	周边情况	牲畜场边缘向外延伸13公里内的区域近3年未发生过口蹄疫；牲畜场边缘向外延伸8公里内的区域周边地区目前无其他重大动物	100	0.0857	60	5.1420
31	季节与周期性因素	没有处于口蹄疫发生的季节和周期内	100	0.0454	60	2.7240
		八、传播媒介	100	0.0971		9.1894
32	野生动物迁徙	无野生动物迁徙的影响	100	0.0054	95	0.5130
33A	动物产品交易（周围）	牲畜场周围1km范围内没有易感动物及其产品的运输、交易发生	70	0.0555	70	3.8850
33B	动物产品交易（场间）	没有存在牲畜场间相互联系的影响	30	0.0555	30	1.6650
34	风媒传播	无风媒传播的风险	100	0.0128	98	1.2544
35	动物源性饲料	不使用含有口蹄疫易感动物源性饲料添加成份的饲料	100	0.0234	80	1.8720

图 6-64   口蹄疫风险评估方式 2 界面 3

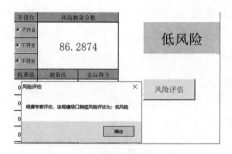

图 6-65   口蹄疫风险评估方式 2 界面 4   图 6-66   口蹄疫风险评估方式 2 界面 5

图 6-67   口蹄疫风险评估方式 2 界面 6

附表

附表1 反刍动物（牛、羊、骆驼、鹿）_____（病）紧急流行病学调查表

说明： 1. 本表由县级动物疫病预防控制机构在接到疫情报告后，开展流行病学调查时填写。

2. 为多种动物共患病的，需填写猪等易感动物的相关数据。

3. 本表涉及的单元（流行病学单元）是指处在同一环境、感染某种病原可能性相同的一群动物。如处在同一个封闭圈舍内的动物，或同一个场内（开放式圈舍）的动物，或某个村内饲养的所有易感动物，或者是使用同一个公共设施的一群动物（如水源、公共挤奶站等），均可称其为一个流行病学单元。

序号：　　　　　　　　　填表日期：_____年_____月_____日

一、基础信息

1. 疫点所在场/养殖小区/村概况

名称		地理坐标	经度：　　　　纬度：	
地址	省（自治区、直辖市）　　县（市、区）　　乡（镇）　　村（场）			
联系电话		启用时间		
易感动物种类	养殖单元（户/舍）数		存栏数（头/只）	

2. 调查简要信息

调查原因				
调查人员姓名		单位		
发现首个病例日期		接到报告日期		调查日期	

二、现况调查

1. 发病单元（户/舍）概况

| 户名或畜舍编号 | 动物种类① | 存栏数②（头/只） | 最后一次该病疫苗免疫情况 | | | | | | | 病死情况 | |
			应免数量	实免数量	免疫时间	疫苗种类	生产厂家	批号	来源	发病数③（头/只）	死亡数（头/只）

注：①动物种类：同一单元存在多种动物的，分行填写；

②存栏数：是指发病前的存栏数；

③发病数：是指出现该病临床症状或实验室检测为阳性的动物数。

2. 疫点发病过程（用于计算袭击率）

自发现之日起	新发病数	新病死数
第 1 日		
第 2 日		
第 3 日		
第 4 日		
第 5 日		
第 6 日		
第 7 日		
第 8 日		
第 9 日		
第 10 日		

3. 诊断情况

初步诊断	临床症状： 病理变化： 初步诊断结果：					诊断人员： 诊断日期：	
实验室诊断	样品类型	数量	采样时间	送样单位	检测单位	检测方法	检测结果
诊断结果	疑似诊断				确诊结果		

4. 疫情传播情况

村/场名	最初发病时间	存栏数	发病数	死亡数	传播途径

5. 疫点所在地及周边地理特征

请在县级行政区域图上标出疫点所在地位置；注明周边地理环境特点，如靠近山脉、河流、公路等。

6. 疫点所在县易感动物生产信息（为判断暴露风险及做好应急准备等提供信息支持）

易感动物种类	疫区		受威胁区		全县	
	养殖场/户数	存栏量（万头/只）	养殖场/户数	存栏量（万头/只）	养殖场/户数	存栏量（万头/只）

7. 当地疫病史

三、疫病可能来源调查（追溯）

对疫点第一例病例发现前 1 个潜伏期内的可能传染来源途径进行调查。

可能来源途径	详细信息
家畜引进情况（种类、年龄、数量、用途和相关时间、地点等）	
易感动物产品购进情况	
饲料调入情况	
水源	
本场/户人员到过其他养殖场/户或活畜交易市场情况	

（续）

可能来源途径	详细信息
配种情况	
放牧情况	
公共奶站挤奶情况	
营销人员、兽医及其他相关人员到过本场/户情况	
外来车辆进入或本场车辆外出情况	
与野生动物接触过情况	
其他	
初步结论	

四、疫病可能扩散范围调查（追踪）

疫点发现第一例病例前 1 个潜伏期至封锁之日内，对以下事件进行调查。

可能事件	详细信息
家畜调出情况（数量、用途及相关时间、地点等）	
配种	
参展情况	
公共牧场放牧情况	
公共奶站挤奶情况	
与野生动物接触过情况	
兽医巡诊情况	
相关人员外出与易感动物接触情况	
其他	
初步结论	

五、疫情处置情况（根据防控技术规范规定的内容填写）

疫点处置	扑杀动物数	
	无害化处理动物数	
	消毒情况（频次、药名、面积等）	
	隔离封锁措施（时间、范围等）	
	其他	
疫区防控	封锁时间、范围等	
	扑杀易感动物数	
	无害化处理数	
	消毒情况	
	紧急免疫数	
	监测情况	
	其他	
受威胁区防控	免疫数	
	消毒情况	
	监测情况	
	其他	
其他（如市场关闭等）		

填表人姓名：　　　　　　　　　联系电话：

填表单位（签章）　　　　　　　省级动物疫病预防控制机构复核（签章）

附表 2　猪＿＿＿＿（病）紧急流行病学调查表

说明：1.本表由县级动物疫病预防控制机构在接到疫情报告后，开展流行病学调查时填写。

2.猪是单一易感动物的，无需填写牛羊等动物的相关数据。

3.本表涉及的单元（流行病学单元）是指处在同一环境、感染某种病原可能性相同的一群动物。如处在同一个封闭圈舍内的动物，或同一个场内（开放式圈舍）的动物，或某个村内饲养的所有易感动物，或者是使用同一个公共设施的一群动物（如水源等），均可称为一个流行病学单元。

序号：　　　　　　　　　　　填表日期：＿＿＿＿年＿＿＿月＿＿＿日

一、基础信息

1. 疫点所在场/养殖小区/村概况

名称		地理坐标	经度：　　　　　纬度：	
地址	省（自治区、直辖市）　　县（市、区）　　乡（镇）　　村（场）			
联系电话		启用时间		
易感动物种类	养殖单元（户/舍）数		存栏数（头/只）	
猪				
牛				
羊				
其他（　　）				

2. 调查简要信息

调查原因			
调查人员姓名		单位	
发现首个病例日期		接到报告日期	调查日期

二、现况调查

1. 发病单元（户/舍）概况

| 户名或猪舍编号 | 母猪/育肥猪/仔猪① | 存栏数②（头） | 最后一次该病疫苗免疫情况 | | | | | | | 病死情况 | |
			应免数量	实免数量	免疫时间	疫苗种类	生产厂家	批号	来源	发病数③（头）	死亡数（头）

注：①母猪/育肥猪/仔猪：同一单元同时存在母猪、育肥猪、仔猪的，分行填写；

②存栏数：是指发病前的存栏数；

③发病数：是指出现该病临床症状或实验室检测为阳性的动物数。

2. 疫点发病过程（用于计算袭击率）

自发现之日起	新发病数	新病死数
第1日		
第2日		
第3日		
第4日		
第5日		
第6日		
第7日		
第8日		
第9日		
第10日		

3. 诊断情况

初步诊断	临床症状： 病理变化： 初步诊断结果：　　　　　　　　　　　诊断人员： 　　　　　　　　　　　　　　　　　　诊断日期：						
实验室诊断	样品类型	数量	采样时间	送样单位	检测单位	检测方法	检测结果
诊断结果	疑似诊断				确诊结果		

4. 疫情传播情况

村/场名	最初发病时间	存栏数	发病数	死亡数	传播途径

5. 周边野生易感动物分布及发病情况

野生易感动物种类	病死情况

6. 疫点所在地及周边地理特征

请在县级行政区域图上标出疫点所在地位置；注明周边地理环境特点，如靠近山脉、河流、公路等。

7. 疫点所在县易感动物生产信息（为判断暴露风险及做好应急准备等提供信息支持）

易感动物种类	疫区		受威胁区		全县	
	养殖场/户数	存栏量（万头/万只）	养殖场/户数	存栏量（万头/万只）	养殖场/户数	存栏量（万头/万只）
猪						
牛						
羊						
其他						

8. 当地疫病史

三、疫病可能来源调查（追溯）

对疫点第一例病例发现前 1 个潜伏期内的可能传染来源途径进行调查。

可能来源途径	详细信息
易感动物购买或引进（数量、用途和相关时间、地点等）	
易感动物产品购入情况	
饲料调入情况	
水源	
本场/户人员到过其他养殖场/户或活畜交易市场情况	
配种情况	
是否放养	
泔水饲喂情况	
营销人员、兽医及其他相关人员是否到过本场/户	
外来车辆进入或本场车辆外出情况	
与野生动物接触过情况	
其他	

四、疫病可能扩散传播范围调查（追踪）

疫点发现第一例病例前 1 个潜伏期至封锁之日内，对以下事件进行调查。

可能事件	详细信息
易感动物出售/赠送情况	
配种情况	
参展情况	
放养	
与野生动物接触情况	
诊疗兽医巡诊情况	
相关人员外出与易感动物接触情况	
其他	

五、疫情处置情况（根据防控技术规范规定的内容填写）

疫点处置	扑杀动物数	
	无害化处理动物数	
	消毒情况（频次、药名、面积等）	
	隔离封锁措施（时间、范围等）	
	其他	
疫区防控	封锁时间、范围等	
	扑杀易感动物数	
	无害化处理数	
	消毒情况	
	紧急免疫数	
	监测情况	
	其他	
受威胁区防控	免疫数	
	消毒情况	
	监测情况	
	其他	
其他（如市场关闭等）		

填表人姓名：　　　　　　　　联系电话：

填表单位（签章）　　　　　　省级动物疫病预防控制机构复核（签章）

附表3 禽（鸡、鸭、鹅）_____（病）紧急 流行病学调查表

说明： 1. 本表由县级动物疫病预防控制机构在接到疫情报告后，开展流行病学调查时填写。

2. 本表涉及的单元（流行病学单元）是指处在同一环境、感染某种病原可能性相同的一群动物。如处在同一个圈舍内的动物，或某个村内饲养的所有易感动物，均可称其为一个流行病学单元。

序号： 填表日期：_____年_____月_____日

一、基础信息

1. 疫点所在场/养殖小区/村养殖概况

名称		地理坐标	经度：	纬度：
地址	省（自治区、直辖市） 县（市、区） 乡（镇） 村（场）			
联系电话		启用时间		
易感动物种类	养殖单元（户/舍）数		存栏数（羽）	
蛋鸡				
肉鸡				
鸭				
鹅				
其他（ ）				

2. 调查简要信息

调查原因					
调查人员姓名		单位			
发现首个病例日期		接到报告日期		调查日期	

二、现况调查

1. 发病单元（户/舍）概况

户名或猪舍编号	家禽种类①	存栏数②（羽）	日龄	最后一次该病疫苗免疫情况							病死情况	
				应免数量	实免数量	免疫时间	疫苗种类	生产厂家	批号	来源	发病数③（羽）	死亡数（羽）

注：①家禽种类：同一单元存栏多种家禽的，分行填写；

②存栏数：是指发病前的存栏数；

③发病数：是指出现该病临床症状或实验室检测为阳性的动物数。

2. 疫点发病过程（用于计算袭击率）

自发现之日起	新发病数	新病死数
第1日		
第2日		
第3日		
第4日		
第5日		
第6日		
第7日		
第8日		
第9日		
第10日		

3. 诊断情况

初步诊断	临床症状： 病理变化： 初步诊断结果：				诊断人员： 诊断日期：		
实验室诊断	样品类型	数量	采样时间	送样单位	检测单位	检测方法	检测结果
诊断结果	疑似诊断				确诊结果		

4. 疫情传播情况

村/场名	最初发病时间	存栏数	发病数	死亡数	传播途径

5. 疫点所在地及周边地理特征

请在县级行政区域图上标出疫点所在地位置；注明周边地理环境特点，如靠近山脉、河流、公路等。

6. 疫点所在县家禽生产情况 （为判断暴露风险及做好应急准备等提供信息支持）

易感动物种类	疫区		受威胁区		疫区所在县	
	养殖场/户数	存栏量（万羽）	养殖场/户数	存栏量（万羽）	养殖场/户数	存栏量（万羽）
蛋鸡						
肉鸡						
鸭						
鹅						
其他（ ）						

7. 当地疫病史

三、疫病可能来源调查（追溯）

对疫点发现第一例病例前 1 个潜伏期内的可能传染来源途径进行调查。

可能来源途径	详细信息
家禽引进情况（种类、数量、用途和相关时间、地点等）	
禽产品购入情况	

（续）

可能来源途径	详细信息
饲料调入情况	
水源	
本场/户人员到过其他养殖场/户情况	
本场/户人员到过活禽交易市场情况	
营销人员、兽医及其他相关人员进出本场/户情况	
外来车辆进入或本场车辆外出情况	
与野禽接触情况	
其他	
初步调查结论	

四、疫病可能扩散传播范围调查（追踪）

疫点发现第一例病例前 1 个潜伏期至封锁之日内，对以下事件进行调查。

可能事件调查	详细信息
家禽调出情况 （数量、用途及相关时间、地点等）	
禽产品调出情况	
粪便、垫料运出情况	
兽医人员诊疗情况	
饲养人员探亲/串门情况	
参加展览/竞技活动	
其他事件	
初步结论	

五、疫情处置情况（根据防控技术规范规定的内容填写）

疫点 处置	扑杀动物数	
	无害化处理动物数	
	消毒情况（频次、药名、面积等）	
	隔离封锁措施（时间、范围等）	
	其他	
疫区 防控	封锁时间、范围等	
	扑杀易感动物数	
	无害化处理数	
	消毒情况	
	紧急免疫数	
	监测情况	
	其他	
受威胁 区防控	免疫数	
	消毒情况	
	监测情况	
	其他	
其他 （如市场 关闭等）		

填表人姓名：　　　　　　　　联系电话：

填表单位（签章）　　　　　　省级动物疫病预防控制机构复核（签章）

附表4 农贸市场/畜禽批发市场_____（病）紧急流行病学调查表

说明： 1. 本表由县级动物疫病预防控制机构在接到疫情报告后，开展流行病学调查时填写。

2. 本表中畜禽包括猪、禽、牛、羊等多种动物。

序号：_____　　　　填表日期：_____年_____月_____日

一、基础信息

1. 农贸市场、畜禽批发市场概况

名称		地理坐标	经度：	纬度：
地址	省（自治区、直辖市）　　县（市、区）　　乡（镇）　　村（场）			
联系电话		启用时间		

2. 调查简要信息

调查原因			
调查人员姓名		单位	
发现首个病例日期		接到报告日期	调查日期

3. 农贸市场、畜禽批发市场经营概况

所经营动物及其产品种类	经营/批发户数	日均销售/批发数量	主要来源地

二、现况调查

1. 发病情况（头/羽/只）

动物种类	同群数*	发病数**	死亡数

*　同群数是指与发病动物有过直接或间接接触的动物数。

**　发病数是指出现该病临床症状的动物数。

2. 诊断情况

初步诊断	临床症状： 病理变化： 初步诊断结果：　　　　　　　　　　　　　诊断人员： 　　　　　　　　　　　　　　　　　　　　诊断日期：						
实验室诊断	样品类型	数量	采样时间	送样单位	检测单位	检测方法	检测结果
诊断结果	疑似诊断			确诊结果			

3. 疫点地理特征

请提供当地行政区划图，并在地图上标出疫点位置，注明疫点所在地的地理环境特点，如靠近山脉、河流、公路等。

4. 其他信息

如您觉得有其他上表未标出的可用信息，如当地的风俗习惯等，请在以下写出。

三、发病动物来源地追溯

经营户姓名	动物种类	数量（头/只/羽）	检疫证书号	来源地***

***　对于农贸市场发生的疫情，要追溯到批发市场，进而追溯到来源地。

四、风险动物及其产品追踪

发病动物运抵该市场至封锁之日起，对所有从疫点出售的动物（可能时，包括产品）进行跟踪调查。

出售/调运情况	日期	详细信息

五、控制措施

市场控制措施	
疫区防控措施	
受威胁区防控措施	
其他	

填表人姓名：　　　　　　　　　　联系电话：

填表单位（签章）　　　　　　　　省级动物疫病预防控制机构复核（签章）

附表 5 运输途中_____（病）紧急流行病学调查表

说明：1.本表由县级动物疫病预防控制机构在接到疫情报告后，开展流行病学调查时填写。

2.本表适用猪、禽、牛、羊等多种动物。

序号：　　　　　　　　填表日期：_____年____月____日

一、基础信息

1. 疫点概况

疫点所在地址	省（自治区、直辖市）　　县（市、区）　　乡（镇）
地理坐标	经度：　　　　纬度：

2. 货主及运输工具基本情况

货主姓名		从业时间		电话	
联系地址	省（自治区、直辖市）　　县（市、区）　　乡（镇）				
运输工具			车牌号		

3. 调查简要信息

调查原因					
调查人员姓名		单位			
发现首个病例日期		接到报告日期		调查日期	

二、现况调查

1. 发病动物情况（头/羽/只）

动物种类	猪	牛	羊	鸡	鸭	鹅
来源地						
启运地						
检疫证书号						
启运时间						

（续）

动物种类	猪	牛	羊	鸡	鸭	鹅		
启运时数量								
截至调查时发病数 （含途中）								
截至调查时死亡数 （含途中）								

2. 诊断情况

	临床症状：						
初步诊断	病理变化： 初步诊断结果：				诊断人员： 诊断日期：		
	样品类型	数量	采样时间	送样单位	检测单位	检测方法	检测结果
实验室诊断							
诊断结果	疑似诊断				确诊结果		

3. 疫点所在县畜牧业生产信息（为判断暴露风险及做好应急准备等提供信息支持）

易感动物种类	疫区		受威胁区		全县	
	养殖场/ 户数	存栏量 （万头/万只）	养殖场/ 户数	存栏量 （万头/万只）	养殖场/ 户数	存栏量 （万头/万只）

4. 疫点所在地及周边地理特征

请在县级行政区域图上标出疫点所在地位置；注明周边地理环境特点，如靠近山脉、河流、公路等。

三、疫病可能扩散传播范围调查（追踪）

可能事件	详细信息
途中经停地点	
途中病死动物处理情况	
初步结论	

四、应急处置措施

疫点处置情况	
疫区防控措施	
受威胁区防控措施	
其他措施（如向经停地点所在县通报疫情情况等）	

填表人姓名： 联系电话：

填表单位（签章） 省级动物疫病预防控制机构复核（签章）

参考文献 REFERENCES

奥罗拉·维拉里尔，2021. 兽医临床流行病学指南 ［M］. 王幼明，徐天刚，高璐，译. 北京：中国农业出版社.

陈继明，黄保续，2009. 重大动物疫病流行病学调查指南 ［M］. 北京：中国农业科学技术出版社.

多赫，马丁，斯特恩，2012. 兽医流行病学研究 ［M］. 第 2 版. 刘秀梵，吴艳涛，宗序平，译. 北京：中国农业出版社.

黄保续，2010. 兽医流行病学 ［M］. 北京：中国农业出版社.

刘秀梵，1993. 兽医流行病学原理 ［M］. 北京：中国农业出版社.

刘秀梵，2009. 兽医流行病学 ［M］. 第 2 版. 北京：中国农业出版社.

沈朝建，王幼明，2013. 兽医流行病学调查与监测抽样技术手册 ［M］. 北京：中国农业出版社.

孙向东，刘拥军，王幼明，2011. 兽医流行病学调查与监测抽样设计 ［M］. 北京：中国农业出版社.

魏萍，2015. 兽医流行病学 ［M］. 北京：科学出版社.

宇传华，2009. Excel 统计分析与电脑实验 ［M］. 北京：电子工业出版社.

图书在版编目（CIP）数据

兽医流行病学调查手册 / 孙向东，王幼明，康京丽
主编. —北京：中国农业出版社，2022.4（2025.1 重印）
ISBN 978 - 7 - 109 - 29367 - 0

Ⅰ.①兽…　Ⅱ.①孙…②王…③康…　Ⅲ.①兽医—
流行病学调查—手册　Ⅳ.①S851.3 - 62

中国版本图书馆 CIP 数据核字（2022）第 070011 号

兽医流行病学调查手册
SHOUYI LIUXINGBINGXUE DIAOCHA SHOUCE

中国农业出版社出版
地址：北京市朝阳区麦子店街 18 号楼
邮编：100125
责任编辑：神翠翠
版式设计：杜　然　　责任校对：周丽芳
印刷：北京中兴印刷有限公司
版次：2022 年 4 月第 1 版
印次：2025 年 1 月北京第 5 次印刷
发行：新华书店北京发行所
开本：720mm×960mm　1/16
印张：8
字数：160 千字
定价：38.00 元